U0395172

葡

宽面T形架

单干单臂树形

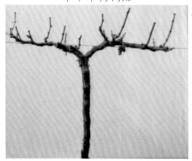

单干双臂树形

水平棚架上的单干双臂树形

冬剪后的棚架独龙干树形

冬剪后的H形树形

使用扎丝的新梢绑法

水肥一体化装置

工作人员往施肥罐中添加肥料

葡萄园滴灌带滴肥

葡萄套种紫花苜蓿

葡萄新梢顶端正常生长弯曲状（左）和缺素直立生长状（右）

葡萄伤流期

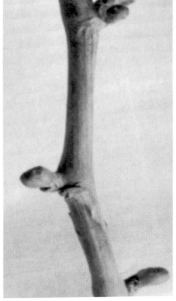

黄绿色　　粉红色　　红色　　　紫红色　　蓝黑色

葡萄果实不同果皮颜色

葡萄绒球期

涂抹石硫合剂

萌芽前清理消毒

葡萄萌芽期

涂抹单氰胺

留穗尖整形方式

夏黑果穗拉长效果对比

葡萄果穗套袋

葡萄主干环剥

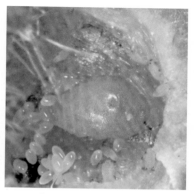
葡萄根瘤蚜的成虫和卵

早熟红无核环剥效果对比

美人指葡萄清水对照与ABA处理效果对比

葡萄根结线虫危害

生产型葡萄园

观光型葡萄园

采摘型葡萄园

现代果园生产与经营丛书

PUTAOYUAN
SHENGCHAN YU JINGYING ZHIFU YIBENTONG

葡萄园
生产与经营
致富一本通

牛生洋　刘崇怀 ◎ 主编

中国农业出版社
北　京

主　编　牛生洋　刘崇怀

参　编　陈锦永　高登涛　周增强

　　　　蒯传化　孙海生　司　鹏

前言

　　本书着眼于"新农民观""懂技术、会经营"的理念，系统介绍了葡萄产业发展与投资规划、葡萄园建设、葡萄苗木繁育、葡萄整形修剪、葡萄病虫害防治技术、葡萄园水肥管理以及葡萄采收与销售等方面的内容，期望葡萄生产与经营人员通过本书一本能"通"。

　　本书在内容上主要结合了编著者多年从事葡萄研究及生产所积累的成果与经验，同时也参考了大量的文献资料。在编写上力求做到文字通俗易懂、内容具体实用、技术可靠易行，可作为从事葡萄生产人员与科研人员的参考资料。愿本书能为我国葡萄产业发展略尽绵薄之力。

　　本书所列各种实例只适合某些地区，仅供读者参考。书中提到的农药、化肥的浓度和用量，因产品有效成分含量不同，再加上葡萄种类、物候期和环境条件的差异，其效果也会不同，谨请读者在使用时以产品说明书为准。本书在编写过程中，得到了许多朋友的热情支持，并提供资料、图书、数据及照片，在此，向各位同行和朋友表示衷

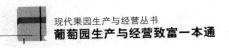

心的感谢!

　　限于作者水平，书中不妥之处在所难免，敬请读者指正。

编　者

2018 年 6 月

XIANDAI GUOYUAN SHENGCHAN YU
JINGYING CONGSHU

目录

第一章
葡萄产业发展与投资规划

　　葡萄是重要的落叶果树种类之一，具有适应性强、结果早、效益高等特点，在全球范围内都有种植。据有关部门预测，未来 10 年内，中国水果产业将由数量型向质量型转变。另据美国农业部关于落叶水果统计报告显示，中国的葡萄、苹果及梨等水果产量及出口数量都呈上升趋势，而欧美国家水果产业则表现萎靡，无论产量还是出口量均呈下降趋势。至今，葡萄栽培和加工仍然是我国许多地区促进经济发展、增加农民收入的主要途径之一。

一、我国葡萄产业现状

　　随着我国农业及农村经济的快速增长，葡萄产业也得到了长足的发展，栽培面积及产量均不断增加，已成为农村经济增长不可或缺的支柱性产业之一。然而，不论哪一行业，在发展的同时，必然存在着问题。因此，在发展葡萄产业的同时，必须认识到其中的问题，才能使葡萄产业可持续发展。

（一）发展情况

　　1. 面积产量逐年增加　过去几十年，我国葡萄栽培面积和产量逐年增加。2004 年，在全世界 58 个葡萄生产国中，我国葡萄栽培面积和产量均居第五位。2010 年，葡萄总产量已经超过意大利而排在首位。2015 年，我国葡萄栽培面积已达 7.8 万公顷，葡萄产量达到 1 367 万吨，同 1978 年比，面积增加 30.9 倍，产量增长 78.2 倍，人均消费近 10 千克，已成为世界第一葡萄生产大国。

2. 栽培区域不断扩大　葡萄已成为我国北方和南方广泛栽培的果树种类。随着葡萄优良品种的推广和栽培技术不断发展，葡萄经济栽培区域迅速扩大。2015 年的中国农业统计数据显示，除广东、青海、西藏、海南外，全国 30 多个省（自治区、直辖市）都有葡萄种植。除新疆、河北、山东、辽宁等传统葡萄产区外，中部的河南、陕西和南部的云南、浙江、江苏、安徽等省份都进入了葡萄产量的前十位。排名在第十一至第二十的省份包括北部的甘肃、山西、宁夏、吉林等和南部的广西、四川、湖北、贵州、湖南、福建等。

虽然广东、青海、西藏、海南没有葡萄产量的统计数据，但这些省份的部分地区已经开始了葡萄生产。广东深圳、韶关等地的葡萄栽培已经初具规模，并不断向周边地区扩大。为了致力于广东葡萄科技研发、技术交流和推广、产业科普与宣传，为当地葡萄产业健康发展保驾护航，华南农业大学等单位于 2014 年成立了广东园艺学会葡萄分会。西藏东部地区的葡萄产业既"古老"又"年轻"。"古老"是因为清朝末期时西方的传教士就将葡萄引种到这里；"年轻"是因为这里的现代化的葡萄产业刚刚起步。云贵高原和藏东地区的低海拔地区属于我国北热带气候下的一种干热类型，具有季节性干旱的气候特征，与北方传统产区相比，这里冬天不需埋土防寒，生产管理用工少，生产成本低；生长季节干旱少雨，葡萄病害少，对于葡萄的生长发育极为有利；高海拔地区光照时间长、光照度强、满足了葡萄喜光的需求，有利于葡萄果实着色及品质的提高。青海省海东市平安区利用温室种植红地球葡萄，通过生长调控，葡萄成熟期正值元旦至春节期间，而且葡萄果实质量高、口感好、风味佳，丰产稳产，已经开始向周边地区进行推广。

3. 栽培方式多种多样　葡萄栽培方式的多样化是我国葡萄栽培发展的一个重要表现。目前葡萄栽培方式已从单一的露地栽培发展到设施促成栽培、设施延后栽培及设施避雨栽培等多种栽培方式。设施栽培的发展，不仅扩大了葡萄的栽培区域，而且也延长了葡萄果品上市供应时期，显著提高了葡萄生产的经济效益。

4. 种植水平稳步提高　随着科研人员的努力，一些行之有效的科学方法不断被应用于葡萄栽培，如广西农业科学院研发的一年两收技术、上海交通大学研发的葡萄根域限制栽培技术、甘肃农业大学针对高海拔冷凉山区研发的日光温室延后栽培、三倍体品种的花果管理技术、阳光玫瑰的无核化栽培技术等的推广应用，不仅实现了葡萄的产期调控、错季栽培，也显著提高了葡萄的果实品质。高主干长主蔓树形、避雨栽培、病虫害综合防治、葡萄园生草和配方施肥等技术的普及，降低了葡萄的生产成本，提高了葡萄果实的安全性。

5. 品种结构逐步改善　20 世纪 50 年代的葡萄发展高潮，增加了我国主栽品种的多样性；80 年代巨峰系品种的发展，使果品市场上出现了大粒葡萄品种；90 年代红地球品种的发展，为鲜食葡萄产业提供了耐贮运的品种；进入 21 世纪，夏黑葡萄的发展扩大了葡萄种植规模，奠定了云、贵、川在我国葡萄生产中的地位；近年来阳光玫瑰的发展，进一步提升了葡萄的品质和抗性。

红地球、巨峰、户太 8 号、绯红、瑞比尔、京亚、粉红亚都蜜、维多利亚、奥古斯特、巨玫瑰、森田尼无核、夏黑、藤稔、美人指、早熟红无核、红宝石无核等，成为我国鲜食葡萄的主栽品种。其中，红地球、巨峰、夏黑成为占据绝对地位的主栽品种。近年来，阳光玫瑰因商品性高、抗病性强、适宜无核化栽培等优势具有十分强劲的发展潜力。

（二）存在问题

1. 发展存在盲目性　由于其他水果行业发展的缓慢，而葡萄栽培历史悠久、文化底蕴丰富，加之结果早、见效快，目前全国从南到北、从东到西各地均在大力发展葡萄生产，甚至一些不适合种植葡萄的高温多雨地区也大量种植葡萄。一些企业在投资农业时往往也会选择葡萄种植，在没有技术团队、缺少技术工人的情况下，规模偏大，失败者众多。

2. 品种选择缺乏科学性　不考虑当地具体的气候条件，不考虑品种的适应性、成熟期等，在一些失真的宣传误导下，盲目选择品种是现在葡萄种植行业最突出的问题之一。如 20 世纪 90 年代，鲜食品种基本都是红地球，酿酒葡萄几乎全为赤霞珠。21 世纪初，鲜食品种又都变为夏黑，近年来的鲜食品种则基本被阳光玫瑰所取代，违背了因地制宜、适地适栽的原则，也忽视了市场对葡萄品种的多样化需求。

3. 过分追求产量　在现代果树栽培中，为了早期丰产、节约土地、管理方便和品种更新快等，往往进行密植栽培。发展密植果园可节约土地、提高土地利用率。在果树密植栽培中，一般要利用人工或化学控制的方法使树体矮化。但对葡萄来说，密植使得树体变小，结果部位降低，病害防治难度增大，不利于葡萄果实品质的提高。就树形而言，苹果和梨树的种植方式多采用主干形树形，单位面积的定植株数较传统栽培的种植株数增加很多，而对葡萄来说，高主干长主蔓树形有利于品质形成和栽培管理，这样的树形适宜稀植，单位面积种植的数量宜少。

4. 苗木繁育体系不健全　品种纯度和种苗质量是种苗的基本要求，但葡萄生产和经营企业很少按种苗质量标准执行，出售假冒、劣等种苗现象时有发生，造成葡萄定植成活率低、葡萄园貌不整齐，严重影响葡萄的标准化管理和生产效益。造成这种状况的原因主要是目前我国90％以上苗木生产来自分散的农户，很多育苗户缺乏对市场信息的研究，苗木生产具有很大的盲目性，生产模式的粗放，无法满足苗木生产标准化、规模化生产的要求。每年秋冬季节，各种果树杂志的广告中均有大量葡萄苗木销售的信息，但有的经销商没有合法手续，尤其是一些苗木商投机经营，根本不了解葡萄品种特性和栽培技术措施，从当地或外地大量贩运获取苗木，再到各地兜售，往往会出现同一品种被当成多个品种或不同品种按同一品种销售的现象，以次充好，坑害农民，造成极坏影响。更有甚者，更换品种名称，大肆炒作宣传，谋取利益，侵害了育种者和育种单位的权益，导致育种单位不愿意拿出好的品种，限制育苗等，制约葡萄产业的健康发展。

5. 葡萄果实品质低下 在一定范围内，葡萄产量与品质没有矛盾，但产量到了一定程度，品质就会下降。由于葡萄种植者过度追求产量的现象普遍存在，导致大部分地区的鲜食葡萄果实含糖量不高，色泽及大小等外观品质都达不到品种应有品质，与国外还有相当大的差距，限制了我国葡萄产业的发展。

6. 生长调节剂过度使用 无核葡萄和三倍体葡萄的果实膨大、部分葡萄品种的无核化栽培、花序拉长、保花保果、促进果实着色等栽培措施，往往都要用到植物生长调节剂。在个别地区、个别品种上片面追求大果实，不注重内在品质，生产中存在果实膨大剂使用过度问题。有的为了促进果实着色、提早上市，多次使用着色剂，这些措施的使用，不仅降低了果实品质，也带来了安全隐患。

7. 种植成本偏高 随着农产品金融属性的增强和农业产业化的提升，外部因素对农业影响不断加深。劳动力成本是农业生产的主要成本，葡萄生产中的修剪、花果管理、采收等重要环节又不适宜机械化，需要的人力较多，葡萄生产需要的人力成本较高。劳动力相对紧缺、老龄化严重等，致使农业劳动力成本不断增高。近年来，我国氮肥、磷肥、钾肥、复合肥、杀虫剂、杀菌剂、除草剂都先后出现了上涨行情，其中尿素涨幅较大。农资价格上涨的原因是原材料价格大幅上涨、企业开工率有所降低，而国际生产资料价格上涨也是原因之一。

（三）发展思路

1. 稳定栽培面积 从 2014 年开始，我国葡萄产业出现了区域性和阶段性过剩，葡萄种植效益出现了两极分化，优质葡萄供不应求，品质一般的葡萄销售困难。鉴于此，葡萄产业的总体发展思路是稳定面积、降低成本、提高质量。逐步压缩效益低下或没有效益的葡萄园，淘汰商品性低下的葡萄品种，控制葡萄生产规模。葡萄的栽培面积不宜过度增长，产量应当适当控制。

2. 适度生产规模 虽然葡萄种植在修剪管理方面的技术要求相对简单，但在病虫害防治、花果管理等方面技术要求相对较高，而且葡萄生产过程用工量相对较大，因此种植规模不宜过大，否则难以做到精细管理，效益难以实现。建议生产规模要适度，不同的生产单位要因地制宜，因经济能力和劳动条件的不同而选择相应的规模。

3. 重视设施栽培 我国多数葡萄产区夏季湿热，果实成熟期多雨，病虫害防治压力大，冰雹、暴雨、大风、洪涝等自然灾害频发。加之国民生态保护意识的提高，各种鸟害日益加剧。避雨、防雹、防鸟等措施成为葡萄栽培中必须考虑的问题，把这些措施结合起来，建成一个统一的防护设施，有利于葡萄种植成功。由单一的栽培方式向各种设施栽培并重，可以使葡萄果实错季上市，缓解市场压力。

4. 降低种植密度　改变传统的种植方式，提高树干高度，延长主蔓长度，减少单位面积种植数量。高主干有利于提高结果部位，减轻果实病害。高主干树形有利于对果实进行疏花疏果、套袋、药剂处理等操作，不用弯腰，不用仰头，干活轻松，有利于提高劳动效率。长主蔓树形，生长点多，树势缓和，有利于花芽分化和果实的品质提高。

5. 减少化学品投入　葡萄园管理中的化学品主要有杀菌剂、杀虫剂、除草剂、破除休眠剂、植物生长调节剂和化肥等。种植者不要盲目追求过大的果粒，严格控制生长调节剂在膨大果实中的使用剂量和使用次数。在施肥方面，增加有机肥和生物菌肥的用量，减少化肥的使用。我国地处大陆性季风气候带，雨热同期是主要气候特征，病虫害严重，通过避雨栽培减轻病害发生，通过病虫害的规范化防治减少农药使用。

6. 实行规范化栽培　通过牢固的架材、标准树形、果园生草、避雨栽培等措施，减少果园用工，降低种植成本。

二、葡萄园投资与规划

葡萄园规划是葡萄种植的首要工作，葡萄种植能否成功，葡萄生产能否带来经济效益，葡萄园的合理规划是关键。对葡萄园的规划必须根据葡萄生产的特点，结合当地经济模式和生态条件科学合理的完成。

（一）建设规划

1. 小区划分　葡萄小区是葡萄园中一个单位，适当进行划分便于管理。小区面积大小，要适应地形和气候条件，以利于耕作与防风。小区面积大，机械操作方便，但林带距离远，防风效果差；小区面积小，防风效果好，但不利机耕，土地利用也不经济。山地葡萄园的小区划分要考虑到坡向和坡度。栽植小区为长方形，长边与行向一致，有利于排灌和机械作业。

2. 生态保护　山地葡萄园地表起伏变化大、立地条件差，在园地选择建设过程中，要重视生态环境保护、防灾减灾设施的规划建设。在园地建设时必须要对防护林、水土保持、道路系统、排灌系统、避雨设施等进行统一规划建设，为以后的葡萄生产防灾减害、优质生态安全、栽培管理、成本节约、效益提高创造条件。

3. 排灌系统　葡萄园应有良好的水源保证。按照常规灌溉条件，要做好总灌渠、支渠和灌水沟三级灌溉系统（面积较小也可设灌渠和灌水沟二级），按 0.5% 的比例设计各级渠道的高程，即总渠高于支渠，支渠高于灌水沟，使水能在渠道中自流灌溉。

节水灌溉是现代农业的必然选择，有条件的要做好葡萄园的节水灌溉。滴灌是利用塑料管道将水通过毛管上的孔口，或滴头送到作物根部进行局部灌溉，是干旱缺水地区最有效的灌溉方式，能使水分的渗漏和损失降低到最低限度，又能做到适时地供应作物根区所需水分，不存在外围水的损失问题，使水的利用效率大大提高，可达 90%。滴灌与微喷灌是实现水肥一体化技术的最佳灌溉模式，根据土壤、经济条件等因素选用适当的系统设计参数，为保证出水的均匀性，丘陵山地种植需选用压力补偿式滴灌模式，平地选用普通滴灌，灌水器的制造偏差、系统压力、管道铺设长度、地形高差是影响灌溉均匀度的重要因素。根据树体大小、种植规则程度及滴头流量等因素确定，中壤或黏壤土、根系发达的时候可采取每行树一条支管，沙壤土、植物根系稀少的时候每行树两条支管，冠幅或栽植行距较大、根系稀少或栽植不规则的时候毛管绕树布置。

地下水位高、地势低洼、土壤黏重的葡萄园要做好排水系统。排水系统也分小排水沟、中排水沟和总排水沟 3 级，但高程差是由小沟往大沟逐渐降低。排灌渠道应与道路系统密切结合，一般设在道路两侧。

4. 道路系统 根据园地总面积和地形地势决定田间道路等级。主道路应贯穿葡萄园的中心部分，面积小的设一条，面积大的可纵横交叉，把整个葡萄园分割成若干小区。支道与主道垂直。作业区内设作业道，与支道连接，是临时性道路，可利用葡萄行间空地。主道和支道是固定道路，路基和路面应牢固耐用。面积小的葡萄园可以略去道路系统，用作业道（葡萄行间）代替。

5. 设施条件 葡萄园的设施条件包括办公室、库房、生活用房、井房、畜舍等管理用房，一般建在葡萄园的中心或一旁，由主道与外界公路相连，占地面积不宜过大。因土地性质和租期不长的原因，考虑到以后还田需要不要留下太多的建筑垃圾，管理用房要美观实用，尽量减少钢筋混凝土的使用。

葡萄园的设施条件还包括温室、大棚等促成设施，避雨设施，配药打药设施，防雹、防鸟设施等，要统筹考虑，相互兼顾，降低成本。

6. 品种选择 农业生产能力的巨大进步，在很大程度上是依靠对植物品种的改良。新品种具有增加产量、提高质量或更好地抵御病虫害的作用，大大提高葡萄的生产能力。优良品种的推广，在提高产量、增强抗性、改善品质、调节市场结构等方面均有显著作用。葡萄品种很多，种植前要选择好品种。葡萄主要栽培品种分两类，一类是欧亚种葡萄品种，一类是欧美杂交品种。前者花色种类多，多样性丰富，但抗病性不强；后者耐湿抗病性强。要因地制宜地选择葡萄品种，并综合考虑品种的适应性、产量、品质、商品性等。

7. 种植方式 葡萄的种植方式较多，有促成栽培、延后栽培、避雨栽培和露地栽培。促成栽培和延后栽培有温室栽培、大棚栽培等方式。避雨栽培有简单避雨形式，也有连栋的避雨大棚。露地栽培有篱架方式，也有棚架方式。篱架方式有单篱架、双篱架、宽顶篱架等，棚架方式也有倾斜式棚架、平顶棚架等。不同种植方式需要不同的架材，设计需要根据投资预算的总额来考虑。

8. 间作套种 为了管好葡萄，一般不提倡葡萄园间作套种。有条件套种的，可以考虑低秆、共生期短的作物种类，如油菜、草莓、越冬蔬菜等。不要对间作套种的作物种类进行大肥大水管理，避免葡萄根系上浮而影响葡萄的生长。

9. 防风林 葡萄园设防护林有改善园内小气候，防风、沙、霜、雹的作用。面积较大的葡萄园，防护林走向应与主风向垂直，有时还要设立与主林带相垂直的副林带。主林带由4～6行乔灌木构成，副林带由2～3行乔灌木构成。在风沙严重地区，主林带之间间距为300～500米，副林带间距200米。在果园边界设3～5行境界林。一般林带占地面积为果园总面积的10%左右。

（二）投资规划

1. 第一年投入项目

（1）土地租金。土地租金在各地不等，价格高低与土壤的质量、地理位置、坡度等有很大关系。平原耕地价格较高，山区坡地价格较低。以河南地区为例（下同），一般平原耕地为1 000元/亩①左右，山区薄地一般为400元/亩左右。结合流转土地面积，就可计算出土地租金的费用。

（2）苗木费用。苗木是葡萄园最根本的生产资料。确定了种植方式，就可以确定株行距，有了株行距，就可以算出单位面积需要栽培植株数量。根据栽培规模和品种搭配，计算出建园需要的苗木总数，结合苗木单价，便可以计算出建园的苗木成本。如果每亩按照200株、单株按照5元/株计算，每亩苗

---

① 亩为非法定计量单位，1 亩＝1/15 公顷≈667 米²。——编者注

木投入就是 1 000 元左右。

（3）栽植费用。栽培的费用主要是整地、开沟、土壤改良、定植等人工费用和燃料动力费用，改良土壤的有机肥费用等。改良土壤用有机肥料为 500~1 000 元/亩，各种人工成本和燃料动力费为 500~1 000 元/亩。此项合计 1 000~2 000 元/亩。

（4）架材费用。单位面积葡萄园地所需要的支柱数与柱距有关，柱距的大小主要取决于当地的风力，架高及负荷量。风大或负荷量大的地方多为 6 米，少风、架矮、单顶篱架的可为 8 米。单位面积所需架材的数量可用下列公式计算：

支柱数＝面积/（行距×柱距）＋行数

行数＝面积/行距×行长。

例如：行距 2 米，柱间距 8 米，所需支柱＝667/2×8＋3.3＝45。柱材的选择可因地制宜，我国常用的有水泥柱和石柱。水泥柱多采用自制，直径 10~12 厘米、高 2.5 米。水泥柱的特点是坚固耐用，每根在 10~20 元。多石山区可就地取材制作石柱，石柱不易腐蚀，但搬运和架设时需要小心，避免摔断。由于钢材便宜，也有用钢材作立柱的。使用最多的拉线是镀锌铁丝或钢丝。第一道拉线用于固定和支撑主干或主蔓，应该用直径 2.4~2.7 毫米的粗线（每 100 米 2.5~4.2 千克）；固定新梢的拉线承重力减少，可用 2.0~2.2 毫米的细线（每 100 米 2.4~2.9 千克）。目前流行使用不锈钢丝，寿命长，坚挺耐用，受力后不延展，成本低，重量轻。计算拉线用量长度的公式为：

长度（米/亩）＝行长×拉线道数×行数

由此可见，每亩立柱的投入因材料质地和数量的不同，在 1 000~3 000 元不等，平均 1 500 元；每亩牵丝的投入大约 500 元；人工费用按照 500 元/亩计算。此项合计 2 500 元。

此外还包括拖拉机、耕地机械、整地机械，高压喷雾器、手动喷雾器等喷药机械，割草、打草机械及开沟施肥机械等葡萄园常用的农具；水泵、主管道、滴灌带、接头、施肥器、过滤器等灌溉设施及水、电、农药等投入，以河南地区为例，较高规格的露地鲜食葡萄园在第一年的投入 5 000～8 000 元/亩。

2. 第二年及后期投入　葡萄园建园以后，在挂果以前仍然会有持续投入，主要包括土地租金、肥料费用、农药费用、水电等能源动力、人工费等，以河南地区为例，第二年投入合计 2 500～4 000 元/亩。

第三年及以后，每年的持续经营性投入大约如此。

第二章
葡萄苗木繁育

种苗作为果树发展的基础物质，其质量直接关系到果园的经济效益和建园成败，对葡萄栽植成活率、果园整齐度、果品产量和品质、抗逆性、经济寿命和产业效益等都有重要影响。因此，培育适销对路、适应当地生态条件和产业发展布局与规划、品种纯正、砧木适宜、生长健壮、无检疫对象及病毒危害的优质葡萄苗木和插条等繁殖材料，既是葡萄育苗的基本任务，也是葡萄园早结果、丰产、优质、高效益栽培和产业健康发展的先决条件。

一、苗圃规划与建立

葡萄生产过程中树体更新较快，需要繁殖大量苗木来满足葡萄生产。生产中需要专门的葡萄苗圃来进行。苗圃规划与建立需要综合考虑以下几个方面的内容。

（一）苗圃地选择与规划

苗圃是培育和生产优质苗木的基地。苗圃的地势、土壤、pH、施肥、灌溉条件、病虫害防治及管理技术水平，直接影响苗木的产量、质量及苗木的生产成本。随着我国葡萄栽培由零星分散走向规模化，苗木需求量不断增加，对苗木质量也提出了更高要求。而小而分散的传统苗木生产和经营方式，难以保证种苗质量。因此，必须规范葡萄育苗技术，发展专业化苗圃，提升苗木质量，促进葡萄产业的健康发展。

1. 苗圃地的选择 葡萄育苗地的选择，应按当地的具体情况，以选择坡度在 5°以下、土层较厚（50～60 厘米以上）、保水及排水良好、灌溉条件方便、肥力中等的沙壤土，以及风害少、无病虫害、空气、水质、土壤未污染，交通方便的地方。过于黏重、瘠薄、干旱、排水不良或地下水位高（100 厘米以上）及含盐量过多的地方，都不宜作苗圃地。

苗圃地附近不要有能传染病菌的苗木，远离成龄果园，不能有病虫害的中间寄主；尽量选择无病虫来源地方，避免影响出苗率和降低苗木质量。可将苗圃地安排在靠近村庄或有早熟作物的地方，这些地方因有诱集植物，虫口密度小，受害轻。

为了防止根结线虫病等，育苗地尽量避免使用十字花科菜地。同时育苗地要避免重茬，连年重茬育苗的苗木生长弱，根癌病和白粉病等根部病害严重，造成苗木大量死亡，因此育苗地一定要进行轮作，轮作周期最少要间隔 2～3 年。

苗圃地形要较整齐，以便日常管理。苗圃地的规划，要根据因地制宜、充分利用土地、提高苗圃工作效率的原则，安排好道路、灌排系统和房屋建筑。在分区时要适当安排轮作地。轮作的作物，可选用豆科、薯类等。小区以长方形为宜，一般长 10 米、宽 5 米左右，纵横有道。

苗圃地确定以后，应在秋季深翻熟化土壤，增加活土层，提高苗木质量。深翻 20～30 厘米，结合耕地施入基肥，每亩施圈肥 5 000～10 000 千克，如能混入 20～25 千克过磷酸钙更好，精细耕耙，力求平整。在灌溉条件较差的地方，要注意及时镇压，耙地保墒。

2. 三圃的建立

（1）母本保存圃。主要任务是保存品种和砧木的原种。一般建立在苗木繁育主管部门或指定单位。包括砧木母本圃和品种母本圃。砧木母本圃提供砧木种子和无性砧木繁殖材料。品种母本圃提供果苗繁殖材料和嫁接苗的接穗。向母本扩繁圃提供良种繁殖材料。为了保证种苗的纯度，防止检疫性病虫害的传播，母本保存圃内禁止进行苗木嫁接等繁殖活动，无病毒苗木的母本圃要与周边生产性果园有 50～100 米的间隔距离。当前，我国设有母本保存圃的大型专业苗圃不多，一般均从生产园的品种上直接采集接穗或插条，这也是目前果树生产用苗纯度低、质量差、带病毒率高的主要原因之一。

（2）母本扩繁圃。母本扩繁圃包括品种、砧木采穗圃等。母本扩繁圃主要任务是将母本保存圃提供的繁殖材料进行扩繁，向下一级苗圃（生产用苗繁殖圃）提供大量可靠的砧木、插条、接穗等。禁止在扩繁圃直接进行苗木繁殖。也不应在采穗圃进行嫁接换种工作。母本扩繁圃一般设在行业主管部门指定的大型苗圃内。

（3）苗木繁殖圃。繁育苗木的基层单位，直接繁殖生产用苗。其所用繁殖材料应来自母本扩繁圃。生产和经营活动受主管部门的监督和管理。规划时要将苗圃地中最好的地段作为繁殖区。为了耕作管理方便，最好结合地形采用长方形划区，长度不短于 100 米，宽度可为长度的 1/3～1/2。繁殖区要实行轮作倒茬。连作重茬会引起土壤中某些营养元素的缺乏、土壤结构破坏、病虫害严重及有毒物质的积累等，导致苗木生长不良。因此，应避免在同一地块中连续种植同类或近缘的以及病虫害相同的苗木。制订葡萄育苗轮作计划时，轮作年限一般为 3～5 年以上。

3. 非生产用地规划 非生产用地一般占苗圃总面积的 15%～20%。

（1）道路。结合苗圃划区进行设置。干路为苗圃与外部联系的主要通道，大型苗圃干路可宽一些，支路可结合大区划分进行设置，宽度以能通过小型农机为宜。大区内可根据需要分成若干小区，小区间可设小路。

（2）排灌系统。结合地形及道路统一规划设置，以节约用地。苗圃的排灌水系统应形成网络，做到旱能灌、涝能排。目前，常用的灌溉方法有地面灌溉（包括漫灌、畦灌、沟灌）、喷灌、滴灌等。常见的排水方法有明沟排水、暗沟排水等。沟渠比降不宜过大，以减少冲刷。

（3）防护林。葡萄新梢嫩，叶片大而薄，非常容易遭到风害。强风经常会导致嫩枝折断，新梢枯萎，叶片破碎。春末夏初的干热风天气，会使叶片失水、焦枯、凋落。所以在大风频繁地区要营造防风林。在葡萄园盛行风的上风方向，营造防护林，风速较大时，林带背风面的风速会降低30％以上，随着风速的降低，也使林内与外界的热量和水汽交换明显减弱，热量和水分的分布就发生了有益的变化。

（4）房舍。包括办公室、宿舍、食堂、农具室、种子贮藏室、化肥农药室、苗木分级包装室、苗木贮藏窖、车库等。应选位置适中、交通方便的地点，以不占用好地为宜。

4. 苗圃档案制度　为了掌握苗圃生产规律、总结育苗技术经验、探索苗圃经营管理方法、不断提高苗圃管理水平，必须建立档案制度。档案内容包括：

（1）苗圃地基本情况档案。记录苗圃地原来地貌特点、土壤类型、肥力水平，改造建成后的苗圃平面图、高程图和附属设施图，土壤改良和各区土壤肥水变化、常规气象观测资料和灾害性天气及其危害情况等。

（2）引种档案。包括各区的品种档案和母本园品种引种档案。每次育苗都要画出栽植图，按品种标明面积、数量、嫁接或扦插的品种区、行号或株号，以利于出苗时查对。母本园栽植图要复制数份，以便每次采穗时查找。

（3）苗圃土地利用档案。记录土地利用和耕作情况的档案。主要内容包括记载每年各种作业面积、作业方式、整地方法、施肥和灌水情况及育苗种类、数量和产量、质量情况，还要绘制苗圃逐年土地利用图，计算各类用地比率。为合理轮作和科学经营提供依据。

（4）育苗技术档案。主要记录每年各种苗木的培育过程。包括各项技术措施的设计方案、实施方法、结果调查等内容。为分析总结育苗技术和经验、不断改进和提高育苗技术水平提供依据。同时记录主要病虫害及防治方法，以利于制订周年管理历。

（5）苗木生长调查档案。记载苗木生长节律和过程，以便掌握其生长规律及其与自然条件和人为措施的关系，为合理的育苗技术提供依据。

（6）苗木销售档案。将每次销售苗木种类、数量、去向记入档案，以了解各种苗木销售的市场需求、栽植后情况和果树树种流向分布，以便指导生产。

（7）苗圃工作日志。记载苗圃每天工作情况、各种会议和决策、人员和用工及物料投入等情况，为成本核算、定额管理、提高劳动生产率等提供依据。

5. 育苗方式

（1）露地育苗。露地育苗是指育苗全部过程在露地条件下进行的育苗方式。露地育苗是我国当前广泛采用的主要育苗方式，但这种方式只能在适于苗木生长和有利培养优质苗木的环境条件下进行。

（2）保护地育苗。保护地育苗是指在不适宜苗木生长的环境条件下，利用保护设施，人为地创造适宜的光、温、水、气、肥等外界条件，满足果树苗木生长发育的需要，培育果树苗木的育苗方式。通常多在育苗前期应用，后期则利用自然条件，在露地继续培育。保护设施类型较多，如地膜覆盖、塑料拱棚、大棚、温室、冷床、温床、荫棚等。各种设施可单独应用，也可多种类型结合设置。

（3）组织培养育苗。组织培养育苗是将果树的器官、组织或细胞，通过无菌操作接种于人工配制的培养基上，在一定的温度和光照条件下，使之生长成为完整植株的方法。该育苗方式繁殖速度快、增殖系数高，主要用于脱毒苗的生产。

（二）育苗主要设施与设备

果树绿枝扦插育苗、组培苗过渡移栽、脱毒苗的快速指示植物鉴定以及调控育苗进程，需要借助一定的设施，进行生长发育环境调控，完成育苗过程。常用的设施主要有塑料大棚、日光温室、温床、荫棚等。

1. 塑料大棚　塑料大棚是跨度 6 米以上、脊高 1.8 米以上、有拱形骨架、四面无墙体、采用塑料薄膜覆盖的栽培设施。塑料大棚能充分利用太阳能，有一定保温作用，并且可在一定范围内调节棚内的温度和湿度。其建造容易、使用方便、投资较少，随着塑料工业的发展，目前已被世界各地普遍采用。塑料大棚在生长季使用遮阳网等遮光材料覆盖，可改造成荫棚。

在我国北方地区，塑料大棚主要起到春季提前和秋季延后保温栽培作用，一般春季可提前 20～35 天，秋季延后 20～30 天。

我国地域广阔，气候环境复杂，各地的塑料大棚类型各式各样。塑料大棚按覆盖形式可分为单栋大棚和连栋大棚两种。塑料大棚按棚顶形式可分为拱圆形塑料大棚和屋脊形塑料大棚两种。拱圆形塑料大棚对建造材料要求较低，具有较强的抗风和承载能力，是目前生产中应用最广泛的类型；屋脊形塑料大棚对材料要求较高，但其内部环境比较容易控制。常用拱圆形塑料大棚有以下几种形式。

（1）简易竹木结构塑料大棚。竹木结构塑料大棚是我国最早出现的塑料大棚，其具体形式各地区不尽相同，但其主要参数和棚形基本一致或相似。常用大棚一般跨度 8～12 米、长 50～60 米、肩高 1.2～1.5 米、脊高 2～3.2 米。建造时也很简单，按棚宽（跨度）方向每 2 米设一立柱，立柱粗 6～10 厘米，顶端形成拱形，地下埋深 50 厘米，垫砖或绑横木并夯实，将竹片固定在立柱顶端成拱形，两端加横木埋入地下并夯实，形成拱架。在长度方向上拱架间距 1 米，并用纵拉杆连接，形成整体；拱架上覆盖薄膜，拉紧后膜的端头埋在四周的土里，拱架间用压膜线或 8 号铁丝、竹竿等压紧薄膜即可。这种结构的优点是取材方便，各地可根据当地实际情况，用竹竿或木头都可；造价较低，建造时较为容易。缺点是由于整个结构承重较大，棚内起支撑作用的立柱过多，使整个大棚内遮光率高，光环境较差；由于整个棚内空间不大，作业不方便，不利于农业机械的操作；材料使用寿命短，抗风雪荷载性能差。

（2）焊接钢结构塑料大棚。焊接钢结构塑料大棚是利用钢结构代替木结构，拱架是用钢筋、钢管或两种结合焊接而成的平面桁架，上弦用 $\phi12～16$ 毫米钢筋或 6 毫米管，下弦用 $\phi12～14$ 毫米钢筋，纵拉杆用 $\phi8～10$ 毫米钢筋。跨度 10～12 米，脊高 2.5～3.5 米，长 30～60 米，拱间距 1～1.2 米。纵向各拱架间用纵梁或斜交式拉杆连接固定形成整体。拱架上覆盖薄膜，拉紧后用压膜线或 8 号铁丝压膜，两端固定在地锚上。这种结构的塑料大棚比竹木结构的塑料大棚承重力有所增加，骨架坚固，无中柱，棚内空间大，透光性好，作业方便。但这种骨架在塑料大棚高温高湿的环境下容易腐蚀，需要涂刷油漆防锈，每 1～2 年需涂刷 1 次，比较麻烦，如果维护得好，使用寿命可达 6～7 年；另外，焊接钢结构有些结构需要在现场焊接，对建造技术要求较高。

（3）镀锌钢管装配式塑料大棚。镀锌钢管装配结构塑料大棚是近几年发展较快的塑料大棚的结构形式，这种材料的塑料大棚继承了钢架结构和钢筋混凝土结构塑料大棚的优点，棚内空间大，棚结构也不易腐蚀，所有结构都是现场安装，施工方便。其拱杆、纵向拉杆、端头立柱均为薄壁钢管，并用专用卡具连接形成整体，所有杆件和卡具均采用热镀锌防锈处理。这种大棚是工厂化生产的工业产品，已形成标准、规范的多种系列类型。装配式镀锌薄壁钢管大棚为组装式结构，建造方便，并可拆卸迁移，棚内空间大、遮光少、作业方便；有利于作物生长；构件抗腐蚀、整体强度高、承受风雪能力强，使用寿命可达 15 年以上。

2. 日光温室　　日光温室是我国北方冬季应用的主要设施。三面围墙，脊高 2.5～3.5 米，跨度 6～10 米，热量来源主要依靠太阳能。由于各地的气候条件、栽培习惯和技术来源等不同，形成了具有各自特点的结构类型和利用方式。目前用于果树生产的主要是半拱圆形日光温室。

常见结构为短后坡高后墙半拱圆形结构。日光温室后坡长 1.5～1.8 米，水平投影 1.2～1.5 米，后墙高度 1.8～2.2 米，脊高 2.8～4 米，跨度 6～10 米。生产中可依据当地常用的半拱圆形温室结构进行改良，即在原结构的基础上按比例加高、加宽，形成适宜果树育苗的高效节能型结构。一般高纬度、寒冷地区温室高度、跨度可适当缩小，墙体要相应加厚或采用保温性好的异质复合墙体；低纬度，冬季较温暖地区，温室高度、跨度可适当加大。

3. 温床　　温床是除了依靠白天太阳光提供热量外，还需人工补充热量的繁殖育苗床。主要用于硬枝扦插的催根、室内嫁接的愈伤等。使用时一般要求温床土温高于气温，因此，一般设在大棚、温室内，也可选背阴避风处建温床后搭建小拱棚。根据加热方式的不同，可分为以下几种类型。

（1）电热温床。以电热线、自动控温仪、感温头及电源配套进行温床加温。在温室或温床内，地面先铺 10 厘米厚的干锯末或细沙，然后铺 5 厘米厚的土或河沙，在其上铺设电热线并连接控温仪。电热线上再铺 4～5 厘米厚的河沙。电热线型号为 DV20 608 号。

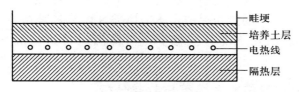

图 2-1　电热温床剖面

（2）酿热温床。利用禽畜粪、秸秆、锯末等发酵发热加温。首先，挖深 50 厘米、长 3～5 米、宽 1.2～1.5 米的床。然后在床底铺 15～30 厘米厚的新鲜酿热物，边装边踩实，酿热物上再铺 10～20 厘米厚的细沙、锯末或培养土。

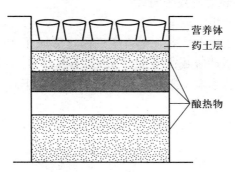

图 2-2　酿热温床

4. 荫棚　生长季绿枝扦插、组培苗过渡移栽，为避免夏秋季强烈的阳光直射和高温暴雨，需要建荫棚。荫棚分为永久性和临时性两类。永久性荫棚多用于大型专业化苗圃，临时性荫棚结构简单，可随用随建。

简易荫棚的建造，是在繁殖床的周围打桩，作为棚架，其上覆盖苇席、竹帘或遮阳网。可作平顶式、屋脊式和斜顶式。也可覆盖在温室或大棚的骨架上，替换塑料薄膜，或套盖在塑料薄膜之上。棚架的高低视作物的高矮及方便管理而定。一般高 1～2 米即可。为加大遮阳效果，可进行多层遮阴，如在苇席、竹帘上再加盖遮阳网，不同颜色和编织密度的遮阳网，有不同的遮光率、光质选择透过性及降温效果。为防雨可在遮阳物下面覆盖棚膜，需降温时可进行膜上喷水降温。

（三）育苗成本核算与效益分析

这里以河南省郑州郊区 1 公顷（10 000 米^2）的小葡萄苗圃为例，简单分析葡萄育苗的投资与收益情况。苗圃为租地育苗，水电、房屋等附属设施配套齐全，周边环境较好。该苗圃以露地扦插育苗为主。

1. 苗圃建立与投资概算

（1）土地租金成本。15 000 元/年。

（2）插条成本。插条采自生产园，需插条 15 万根，插条本身免费，整理剪截费用为 80 元/工日×15 工日＝1 200 元。

（3）整地成本。撒施基肥人工费 80 元/工日×15 工日＝1 200 元；旋耕机松土费 750 元；在平整好的圃地中，整理出标准定植畦，人工投入为 80 元/工日×15 工日＝1 200 元；总计 3 150 元。

（4）施肥成本。施基肥 4 500 元；施追肥按每年每公顷施用复合肥 3 000 千克计，3 元/千克×3 000 千克/公顷＝9 000 元；

（5）扦插成本。80 元/工日×30 工日＝2 400 元。

（6）周年管理人工成本。喷药、插竹竿绑缚等，人工费用 80 元/工日×75 工日＝6 000 元。

（7）农药投入。1 500 元。

（8）销售成本。起苗、打捆、运输等销售费共计2 000元。

（9）水电费及其他费用。全年灌溉、维修及耗材费用约1 000元。

以上全部投资合计为 41 250 元。

2. 经济效益分析　每公顷地扦插苗木 15 万株，预计可出圃苗 12 万株，1 元/株，收益共计 1 元/株×12 万株＝12 万元，投资合计为 4.125 万元；净利润为 7.9 万元左右，利润率近 2 倍。

3. 存在风险及对策

（1）销售问题。虽然目前葡萄苗木需求量很大，但是由于葡萄育苗入门要求低，生产中的小育苗户众多，质量差异很大，因此，对育苗户来说，生产出质量较好的苗木是解决销售问题的首要条件。对此，首先要选好品种，多繁育新优品种及生产表现较好的品种，最好到正规的科研单位进行引种，以保证品种的纯度；其次，要做好宣传工作，利用各种渠道对繁育的优质苗木进行推介；第三，苗木繁育是个长期积累的过程，客户资源也需要通过长期高质量苗木来积累，因此，从事苗木生产需要长期坚持，切忌短期投机。

（2）管理技术问题。葡萄扦插育苗虽然比较简单，但仍需要一定的管理技术。管理不好，不仅苗木生长缓慢，而且出圃率低，这些都会降低苗木生产效益。笔者曾见过一个育苗圃由于育苗密度过大，又没有设立支柱，打头摘心等工作不到位，葡萄苗木细弱，倒伏在地上，雨季霜霉病暴发，导致几乎没有合格苗，育苗以失败告终。还有一个例子是没有掌握好追肥时间，施用尿素过早、浓度过高，导致苗木烧根死亡，育苗也以失败告终，因此，进行葡萄苗木繁育，一定要掌握苗木生产相关的知识。

（3）自然灾害及流行性病虫害的发生。近几年，干旱、冻害、雹灾等极端性及灾害性天气发生频繁，给苗圃生产带来极大损失，因此，建立育苗圃时需考虑防治措施，或选择小气候相对较好的地方来建园，规避自然灾害。葡萄根瘤蚜、根结线虫、霜霉病等一些严重的病虫害如果大发生会给葡萄苗圃带来毁灭性打击，对此，要加强检疫，不从疫区调运苗木，还要加强病虫害管理。苗圃地需要一年一换，前茬最好是小麦、玉米、大豆等作物，不能是果树。

总之，葡萄育苗也仍存在一定风险，在决定投身育苗行业之前，一定要充分调研，分析清楚自身的优势和劣势，并做好相应的思想准备和应对措施，以获得较好的收益或将损失减至最小。

二、葡萄苗木繁殖

葡萄苗木质量的好坏，直接影响到葡萄经济效益和建园成败。因此，培育品种纯正、砧木适宜的优质苗木，既是葡萄良种繁育的基本任务，也是葡萄栽培管理的重要环节。葡萄育苗的主要方法有扦插繁殖、嫁接繁殖、压条繁殖、种子实生繁殖、组培快繁、营养钵繁殖等。在我国，生产上葡萄苗木培育多采用传统的扦插繁殖，仅在东北严寒地区采用抗寒砧木进行嫁接繁殖。近年来，因为抗性砧木在葡萄生产中优势突出，嫁接繁殖的优点逐渐被认识和接受，开始在我国广大葡萄产区推广和应用。下面以生产上常用的扦插繁殖与嫁接繁殖为例详细介绍葡萄育苗的基本过程。

（一）扦插繁殖

扦插是葡萄最常用的繁殖方法之一，主要用于砧木苗和优良品种苗木的繁育。分为硬枝扦插和绿枝扦插，生产中常用硬枝扦插。

1. 插条的采集　一般在冬季修剪时采集。选择品种纯正、健壮、无病虫害的植株，剪取节间适中、芽眼饱满、没有病虫害和其他伤害的一年生成熟枝条作为种条，该种条应具有本品种固有色泽，节长适中，节间有坚韧的隔膜，芽体充实、饱满，有光泽。弯曲枝条时，可听到噼啪折裂声。枝条横截面圆形，髓部小于该枝直径的 1/3。采集后，剪掉副梢、卷须。然后将种条剪成长 50～60 厘米，50 或 100 根打成一捆，系上标签，写明品种、数量、日期和采集地点。

2. 插条的贮藏 贮藏可采用室外沟藏和地窖沙藏两种方式。

（1）室外沟藏。选择避风背阴、地势较高的地方，挖深、宽各约 1 米的沟，沟长则根据插条数量及地块条件决定。种条进行贮藏前，可用 5% 的硫酸亚铁或 5 波美度的石硫合剂浸泡数秒钟，进行杀菌消毒。贮藏前，先在沟底平铺 5～10 厘米厚的湿沙，铺放一层插条捆，再铺 4～5 厘米厚的湿沙，并要填满插条空隙。沙子湿度以手握成团但不滴水，松手裂纹而不散为宜。插条层数以不超过 4 层为宜。为防止插条埋藏后发热霉烂，保证通气良好，在沟的中心带每隔 2 米，竖放一直径 10 厘米的草把或秸秆捆以保证通气。插条放置好后，最上层插条上铺撒 10 厘米厚的湿沙，盖上一层秸秆，最后覆土 30 厘米。插条的沙土则应保持 70%～80% 的湿度，即手握成团、松手团散为宜。当平均气温升到 3～4 ℃后，应每隔半月检查一次，如发现插穗有发热现象，应及时倒沟，减薄覆土，过于干燥时，可喷入适量的清水，如发现有霉烂现象，应及时将种条扒开晾晒，捡出霉烂种条，并喷布多菌灵 800 倍液进行消毒，药液晾干后重新埋藏。

（2）地窖沙藏。可先将插条剪成扦插需要的长度，在窖底铺一层厚 10 厘米的湿沙，然后将打捆的插条平放或竖放在湿沙上，每捆之间用湿沙填满，最后用湿沙将插条埋严。经过贮藏后，插条下端剪口处可形成愈伤组织，有利于生根。

3. 扦插前插条处理

（1）插条浸水。扦插前将插条捆竖直放入清水中浸泡 1～2 昼夜，促进插条吸水，以提高扦插成活率。

（2）插条剪截。春季，取出插条，选择节间合适、芽壮、没有霉烂和损伤的种条，将插条剪成带 2～3 个芽、长约 15 厘米的枝段。剪截时，上端剪口在距第一芽眼 2 厘米左右处平剪，下端剪口在距基部芽眼 0.6～0.8 厘米以下处按 45°角斜剪，剪口呈马蹄形，上面两个芽眼应饱满，保证萌芽成活，每 50 或 100 根捆成一捆。对插条较少的珍稀品种，也可剪成单芽插条。

4. 催根处理

提高扦插成活率的关键是催根，其途径可归为两个方面，一是激素催根，二是控温催根，控温催根有电热温床、酿热温床、拱棚保温等。实际生产中二者同时运用，效果明显。

（1）生长调节剂催根。常用的催根药剂有 ABT 1 号、ABT 2 号生根粉，其有效成分为萘乙酸或萘乙酸钠，药剂配制时需先用少量酒精或高度白酒溶解，然后加水稀释到所需浓度。激素催根一般在春季扦插前（加温催根前）进行，使用方法有两种：一是浸液法，即将葡萄插条每 50 或 100 根捆立在加有激素水溶液的盆里，浸泡 12～24 小时。只泡基部，不可将插条横卧盆内，也不要使上端芽眼接触药液，以免抑制芽的萌发，萘乙酸的使用浓度为 50～100 毫克/千克，萘乙酸不溶于水，配制时需先用少量的 95％的酒精溶解，再加水稀释到所需要的浓度，萘乙酸钠溶于热水，不必使用酒精。二是速蘸法，就是将插条 30～50 支一把，下端在萘乙酸溶液中蘸一下，拿出来便可扦插，使用萘乙酸的浓度是 1 000～1 500 毫克/千克。化学药剂处理简单易行，适宜大量育苗应用。

（2）控温催根。电热温床催根一般采用地下式床，保温效果好。在地面挖深 50 厘米、宽 1.2～1.5 米的沟槽，长度以插条数量而定（也可用砖砌式床：用砖砌成一个高 30 厘米、宽 1～1.5 米、长 3.5～7 米的苗床）。沟槽底部铺 5～10 厘米厚的谷壳或锯末，防止散热，上边平铺 10 厘米厚的湿沙（含水量 80%）。在床的两头及中间各横放 1 根长 1.2～1.5 米、宽 5 厘米的木条，固定好，在木条上按 5～7 厘米线距钉铁钉，然后将电热线往返挂在钉上，电热线布好后，再用 5 厘米厚的湿河沙将电热线埋住压平，然后竖立摆放插条，成捆或单放均可。插条基部用湿沙覆盖，保证插条基部湿润。插条摆放好后，将电热线两头接在控温仪上，感温头插在床内，深达插条基部，然后通电。控温仪的温度设定在 25～28℃，将浸泡过的插条一捆挨一捆立放，空隙填满湿沙，顶芽露出，一般经 15～20 天，插条基部产生愈伤组织，发出幼根。停止加温锻炼 3～5 天后即可扦插。

酿热温床催根是利用家禽家畜粪、锯末、秸秆等酿热物发酵产热的原理对葡萄插条加温催根。河北、北京等地一般多先用酿热温床对插条进行催根，可在背风向阳处建东西走向、南低北高的阳畦，挖深 50～60 厘米，内填鲜禽畜粪 25～30 厘米，再填约 10 厘米厚的细沙，然后铺 15 厘米厚的湿锯末，最后摆放插条。加温时，温床上插上温度计，深达插条基部，温度要控制在 28℃以下，如超过 30℃，需及时喷水降温。温床上要遮阴保湿，经 15～20 天后插条基部产生愈伤组织，幼根突起即可扦插。

拱棚保温催根可在背风向阳处建东西走向、南低北高的阳畦，挖深 50～60 厘米，把整个畦加盖小型塑料拱棚保温，插条先用清水浸泡 24 小时，再用 5 波美度石硫合剂消毒，然后再用 40 毫克/千克萘乙酸或萘乙酸钠溶液蘸泡发根一端。当阳畦整好后，于 3 月下旬将插条整齐垂直倒置在阳畦内，根端宜平齐，插条之间用湿润的细沙填满，顶部再盖湿沙 3 厘米，在湿沙上再盖 5 厘米厚的马粪或湿羊粪，无拱棚的畦也可在畦面覆以塑料薄膜，白天利用阳光增温，夜间加盖草帘保持畦内温度，经过 20～25 天，插条根部即可产生愈伤组织并开始萌发幼根。此时即可往田间进行露地扦插。

5. 硬枝扦插育苗 葡萄扦插一般分为露地扦插和保护地扦插。春季当地面以下 15 厘米处地温达到 10 ℃以上时，即可进行露地扦插。一般华北地区在 4 月上中旬，保护地扦插可适当提前。

（1）垄插。垄插时，插条全部斜插于垄背土中，并在垄沟内灌水。垄内的插条下端距地面近，土温高，通气性好，生根快。枝条上端也在土内，比露在地面温度低，能推迟发芽，造成先生根、后发芽的条件，因此垄插比平畦扦插成活率高，生长好。北方的葡萄产区多采用垄插法，在地下水位高、年降水量多的地区，由于垄沟排水好，更有利于扦插成活。垄高20～30 厘米，垄距 60～70 厘米，采用南北行向。起垄后碎土、搂平、喷除草剂和覆地膜。扦插前可用与插条粗度相近的木棍先打扦插孔，株距 20～30 厘米，垄上双行扦插的窄行行距为25～40 厘米。扦插时先用比插条细的筷子或木棍，通过地膜呈 75°角戳一个洞，然后把枝条插入洞内，插条基部朝南，剪口芽在上侧或南面。插入深度以剪口芽与地面相平为宜。打孔后将插条插入，插穗顶端露出地膜之上，压紧，使插条与土壤紧密接触不存空隙，一定要保证土壤与枝条紧密接触，避免发生"吊死"现象。然后往垄沟内灌足水，待水渗后，将地膜以上的芽眼用潮土覆盖，以防芽眼风干。

（2）畦插。畦插单位面积出苗数多，灌水方便。畦面宽1.2～1.6 米、长约 10 米、畦埂宽 30 厘米，每畦插 3～4 行，行距25～40 厘米，株距 20～30 厘米，扦插方法同垄插。插好后畦内灌足水，使土沉实，再覆盖 2 厘米厚沙或覆盖一层稻草保湿。两种方法相比，垄插地温上升快，中耕除草方便，通风透光。

（3）单芽扦插。用只有 1 个芽的插条扦插称为单芽扦插。应用这种方法时，要根据品种的不同而区别对待。生产上，主要是对长势强、节间长的品种，采用单芽扦插。采用单芽扦插多在塑料营养袋里育苗，这样可以节省插条，加速葡萄优良品种的繁殖。习惯上常用的露地扦插育苗法，每亩只能出苗 0.7 万～0.8 万株。而应用此方法，每亩可育苗 1.5 万～2 万株，且成苗率高，出圃也快。具体方法：将秋季准备好的优良品种成熟度好的、芽眼充实的枝条剪成 8～10 厘米的单芽段，在芽眼的上方 1～1.5 厘米剪成平茬，插条下端剪成斜茬。将剪好的插条直接插在营养袋的中央，剪口与土面平。扦插时间以 2 月上旬至 3 月上旬为宜，营养袋应放置在塑料大棚或玻璃温室内，逐个排列，进行加温催根。营养袋的土温应在 15 ℃以上，气温以 20～30 ℃为宜，土壤水分保持在 16% 左右，喷水要勤，喷水量要少，使上下湿土相接，如果水量过多，土壤过湿，插条则不易生根，甚至因根系窒息而死亡。在生长期，如果营养不足时，可以喷布 1～3 次 0.3% 尿素或磷酸二氢钾。当苗木生长到 20 厘米时，即可移出分植，用于培育壮苗。

（二）嫁接繁殖

嫁接繁殖苗木有绿枝嫁接和硬枝嫁接两种，国外多采用硬枝嫁接，国内则多采用绿枝嫁接。

1. 绿枝嫁接　葡萄绿枝嫁接育苗，是利用抗寒、抗病、抗旱、抗湿的种或品种作砧木，在春夏生长季节用优良品种半木质化枝条作接穗嫁接繁殖苗木的一种方法，此法操作简单、取材容易、节省接穗、成活率高（85% 以上）。

（1）砧木的选择与育砧。国外采用较多的是抗根瘤蚜砧木，如久洛（抗旱）、101－14、3309、3306（抗寒、抗病）、5BB、SO4（抗石灰性土壤、易生根、嫁接易愈合）等，普遍应用于苗木繁殖。国内采用较多的有山葡萄（抗寒、扦插生根难、嫁接苗小脚现象）、贝达、龙眼（抗旱）、北醇、巨峰等。砧木苗的培育除利用其种子培育实生砧外，也可利用其枝条培育插条砧木。插条砧木的培育方法同品种扦插育苗的方法基本相似，只是山葡萄枝条生根较困难，需生根剂处理与温床催根相结合才能收到理想效果。

选择葡萄砧木时，应根据当地的土壤气候条件，以及对抗性的需要，选择适宜的多抗性砧木类型。葡萄多抗性砧木品种较多，如既抗根瘤蚜又抗根癌病的砧木有 SO4、3309C 等；既抗根瘤蚜又抗线虫病的砧木有 SO4、5C、1616C、5BB、420A、110R 等；既抗根瘤蚜又抗寒的砧木有河岸 2 号、河岸 3 号、山河 1 号、山河 2 号、山河 3 号、山河 4 号、贝达等；既抗根瘤蚜又抗旱的砧木有 5BB、5C、110R、5A、520A 等；既抗根瘤蚜又耐湿的砧木有 SO4、5C、1103P、1616C、520A 等；既抗根瘤蚜又耐盐的砧木有 SO4、5BB、1103P、1616C、520A 等；既抗根瘤蚜又耐石灰质土壤的砧木有 SO4、5BB、5C、420A、333EM、110R、1103P 等。

砧木不仅影响葡萄的适应性和抗病虫能力，还可影响接穗品种的生长势、坐果能力、果实品质等。同时，不同的砧穗组合表现不同，因此要重视砧穗组合的选配。如 SO4 是世界公认的多抗性砧木，可使其上嫁接的藤稔、高妻、醉金香、巨玫瑰果粒增大，但却使美人指花芽分化减少、果粒变小，使维多利亚的含糖量明显下降。葡萄砧木苗可采用扦插、压条或播种繁殖。扦插、压条适用于无性系砧木，有利于保持砧木品种的特性，播种繁殖适用于扦插不易生根的品种，如山葡萄等，可以用种子进行繁殖。

（2）嫁接。接穗从品种纯正、生长健壮、无病虫害的母树上采集，可与夏季修剪、摘心、除副梢等工作结合进行。作接穗的枝条应生长充实、成熟良好。接穗剪一芽，芽上端留1.5 厘米，下端 4～6 厘米；砧木插条长 20～25 厘米。最好在圃地附近采集，随采随用，成活率高。如从外地采集，剪下的枝条应立即剪掉叶片和未达半木质化的嫩梢，用湿布包好，外边再包一层塑料薄膜，以利保湿，接穗剪后除去全部叶片，但必须保留叶柄。嫁接时如当天接不完，可将接穗基部浸在水中或用湿布包好。放在阴凉处保存。采集的接穗最好3天内完。

当砧木和接穗均达半木质化时，即可开始嫁接，可一直嫁接到成活苗木新梢在秋季能够成熟为止。华北地区一般在5月下旬至7月上中旬，东北地区从5月下旬至6月中旬，如在设施条件下，嫁接时间可以更长。当砧木新梢长到8～10片叶时，对砧木摘心处理，去掉副梢，促进增粗生长。嫁接时在砧木基部留2～3片叶，在节上3～4厘米节间处剪断。

如果砧木与接穗粗度大致相同时，多采用舌接法；如果砧木粗于接穗，多用劈接法。

2. 硬枝嫁接　利用成熟的一年生休眠枝条作接穗，一年生枝条或多年生枝蔓作砧木进行嫁接为硬枝嫁接。硬枝嫁接多采用劈接法，嫁接操作可在室内进行。方法同绿枝嫁接，嫁接时间一般在露地扦插前25天左右，国外普遍采用嫁接机嫁接，利用机械将接穗和砧木切削成相扣的形状，接合后包扎。嫁接完成后，为了促进接口愈合，一般要埋入湿锯末或湿沙中，温度保持在25～28℃，经15～20天后接口即可愈合，砧木基部产生根原基，经通风锻炼后，即可扦插。这时便可在露地扦插，扦插时接口与畦面相平，扦插后注意保持土壤湿润。其他管理方法与一般扦插苗管理相同。机械嫁接也可用带根的苗作砧木，嫁接后栽植于田间。

带根苗木嫁接法：冬季在室内或春季栽植前用带根的一、二年生砧木幼苗进行嫁接，也可以先定植砧木苗然后嫁接，用舌接法或切接法均可，方法同上。

就地硬枝劈接可在砧木萌芽前后进行。将砧木从接近地面处剪截，用上述劈接法嫁接。如砧木较粗，可接两个接穗，关键是使形成层对齐。接后用绳绑扎，砧木较粗，接穗夹得很紧的不用绑扎也可以。然后在嫁接处旁边插上枝条做标记，培土保湿。20～30天即能成活，接芽从覆土中萌出后按常规管理即可。

嫁接后要及时灌水，抹掉砧木上的萌蘖并加强病虫害防治工作。对于绿枝嫁接，及时并多次抹芽是成活的关键。嫁接成活后，当新梢长到20～30厘米时，将其引缚到竹竿或篱架铁丝上，同时及时对副梢摘心，促进主梢生长。6～8月，每隔10～15天喷1次杀菌剂，并添加0.2%尿素溶液。8月中下旬对新梢摘心，结合喷药，喷施0.3%磷酸二氢钾溶液3～5次，促进苗木健壮生长。

三、育苗管理

育苗时的田间管理主要是肥水管理、摘心和病虫害防治等工作。总原则是前期加强肥水管理，促进幼苗的生长，后期摘心并控制肥水，加速枝条的成熟。其操作与苗木定植及病虫害防治基本一致，详细介绍参考第三章与第七章相关内容。

四、葡萄苗木出圃

苗木质量决定着葡萄生产是否安全，世界各国都很重视苗木生产。我国农业部已经制定了葡萄苗木生产的各种标准，生产上必须严格按照国家有关标准执行。

（一）葡萄苗木质量标准

葡萄苗木分级按照农业部行业标准执行（表2-1、表2-2）。

表 2-1　葡萄自根苗质量标准（NY 469—2001）

		项目等级		
		一级	二级	三级
品种纯度		≥98%		
根系	侧根数量	≥5	≥4	≤4
	侧根粗度（厘米）	≥0.3	≥0.2	≥0.2
	侧根长度（厘米）	≥20	≥15	≤15
	侧根分布	侧根分布均匀，舒展		
枝干	成熟度	木质化		
	高度（厘米）	20		
	粗度（厘米）	≥0.8	≥0.6	≥0.5
	根皮与枝皮	无新损伤		
	芽眼数	≥5	≥5	≥5
病虫危害情况		无检疫对象		

表 2-2　葡萄嫁接苗质量标准（NY 469—2001）

		项目等级		
		一级	二级	三级
品种与砧木纯度		≥98%		
根系	侧根数量	≥5	≥4	≥4
	侧根粗度（厘米）	≥0.4	≥0.3	≥0.3
	侧根长度（厘米）	≥20		
	侧根分布	均匀，舒展		
枝干成熟度		充分成熟		
枝干高度（厘米）		≥30		
接口高度（厘米）		10～15		
粗度	硬枝嫁接（厘米）	≥0.8	≥0.6	≥0.5
	绿枝嫁接（厘米）	≥0.6	≥0.5	≥0.4

（续）

	项目等级		
	一级	二级	三级
嫁接愈合程度	愈合良好		
根皮与枝皮	无损伤		
接穗品种芽眼数	≥5	≥5	≥3
砧木萌蘖	完全清除		
病虫危害情况	无检疫对象		

（二）起苗与分级

苗木出圃是育苗工作的最后环节。出圃准备工作和出圃技术直接影响苗木的质量、定植成活率及幼树的生长，必须做好出圃前的准备工作。

1. 苗木调查　苗木调查是为了掌握苗木的种类、数量和质量，对苗木种类、品种、各级苗木数量等进行核对和调查。苗木调查的时间一般在苗木出圃前进行，落叶性苗木以在秋季生长已经停止、落叶之前进行为宜。在生产上应用较为普遍的苗木调查方法主要有以下几种。

（1）标准行调查法。每隔一定的行数选出一行或一垄作为标准行，在标准行上选长度有代表性的地段，在选定地段上调查苗木的不同质量的数量。

（2）标准地块调查法。在育苗地上按调查要求，从总体内有意识地选取一定数量有代表性的典型地块进行调查，每一调查地块的面积一般以 $1 \sim 2$ 米^2 为宜。

（3）抽样调查法。首先，制订苗木的调查指标；然后，划分调查区，确定样地；此后，根据事先确定的指标或标准，测定苗木的生长情况；最后，进行统计分析，做出判断。具体操作步骤如下。

①划分调查区。根据所育苗木的苗龄、育苗方式、繁殖方法、密度和生长情况划分不同的调查区。在同一调查区内，育苗方式、繁殖方法、繁殖密度、生长情况等应基本一致。

②测量面积。在同一调查地内，测量各苗床面积，计算调查区总面积。

③确定样地。样地的大小取决于苗木密度，一般每个样地应包含20～50株苗木。样地数目应适当，样地多，工作量大，样地少则调查精度低。样地数目确定后，用随机抽取的方法确定要调查的苗床或垄，然后在抽中的苗床或垄上确定样地位置，注意样地分布要均匀。

④苗木调查。先统计样地内苗木株数，得到总株数，再确定需测株数，一般需测60～200株，通常苗木生长整齐，株数可少些，60株即可，生长不太整齐的要测100株以上。抽中测量的苗木，再根据事先制订的调查指标进行测量。

⑤统计分析。将所测的数据汇总，分别根据株数和质量进行统计计算。

⑥做出结论。将上述抽样调查与统计分析结果汇总，根据苗木产量和质量数据与本地区的苗木标准对照比较，评价苗木生产情况。

标准行或标准地块调查法较粗放，调查工作量有时很大，而且无法计算调查精度。抽样调查法比较细致准确，在生产中得到推广应用。在苗木调查时，除了按要求调查苗木的质量外，还要调查、核对苗木种类、品种、砧木类型、繁殖方法等。田间调查完成后，对调查资料进行整理并填写苗木情况调查表。

2. 制订苗木出圃计划及出圃操作规程　根据调查结果及订购苗木情况，制订出圃计划及苗木出圃操作规程。确定供应单数量、运输方法、装运时间，并与购苗和运输单位联系，及时分级、包装、装运，缩短运输时间，保证苗木质量。

苗木出圃操作技术规程包括起苗方法和技术要求、苗木分级标准、苗木消毒方法要求、包装方法及技术要求、包装材料及质量要求等。

3. 起苗

（1）起苗时期。依育苗地区的气候不同而异。在生产上大致可分为秋季和春季两个起苗时期。秋季起苗在苗木开始落叶至土壤结冻前进行。在同一苗圃可根据不同苗木停止生长的早晚、栽植时间、运输远近等情况，合理安排起苗的先后时期。急需栽植或运输距离较长的苗木可先起，就地栽植或翌年春季栽植的苗木可后起。秋季起苗既可避免苗木冬季在田间受冻及鼠、兔和家畜危害，又有利于根系伤口的愈合，对提高苗木栽植成活率及促进翌年幼树生长具有明显作用。此外，秋季起苗结合苗圃秋耕作业，还有利于土壤改良和消灭病虫害。秋季起出的苗木，在冬季温暖的地区，可以在起苗后及时栽植；在冬季严寒地区，容易因生理干旱造成"抽条"或出现冻害而降低成活率，因此需要将起出的苗木先行假植越冬，翌年春季萌芽以前栽植。春季起苗在土壤解冻后至苗木萌芽前进行，芽萌动和根系生长，消耗营养，造成苗木开始生长时营养不足，因此起苗过晚，栽植成活率下降。春季起苗可省去假植或贮藏等工序，但在冬季严寒地区，存在越冬过分失水抽条或冻害的风险，不宜春季起苗。在生产上，北方落叶性果树多在秋季起苗，常绿果树秋季或春季均可起苗。

（2）起苗方法。起苗可分为人工起苗和机械起苗两种。目前，生产中小型苗圃主要靠人工起苗，一些大型专业化苗圃已经开始实行机械起苗。人工起苗时，先在行间靠苗木的一侧，距苗木25厘米左右处顺行开沟，一般沟深20～25厘米。再在沟壁下侧挖斜槽，并根据起苗的深度切断根系，然后把铁锹插入苗木的另一侧，将苗木推倒在沟中，即可取出苗木。取苗时不可用猛力勉强将苗木拔出，以免过多地损伤苗木的根系。取出的苗木也不要抖掉根部上的泥土，轻轻放置沟边即可。机械起苗不但能有效保证起苗的根系质量、规格一致，而且可以大大提高起苗效率，节省劳力。因此，机械起苗是实现苗木高标准生产的重要措施之一。随着劳动力价格的提高，越来越多的苗圃开始使用机械起苗，效率更高，对苗木的损伤更小。为了保证苗木的质量，除了合理选择起苗方法和按操作要求进行起苗外，还应注意以下事项：第一，起苗前，视土壤墒情可适度灌水，以保持土壤潮湿和疏松，不仅起苗省力，而且能避免损伤过多的须根；第二，苗木挖起后，苗木不可长时间裸露存放，尤其北方寒冷地区不可裸根过夜，以防根系受冻和风干。最好随挖随运随栽，如挖起的苗木不能及时运出或假植，必须进行覆盖保温、保湿；第三，起苗应避开大风天气，使用的工具一定要刃口锋利。

4. 苗木分级和包装　为了保证出圃苗木质量、提高苗木栽植成活率和定植后苗木生长整齐度，也为了便于苗木的包装和运输，苗木起出后，要根据苗木的大小、质量优劣进行分级。分级时应根据苗木规格要求进行，不合格的苗木应留在苗圃内继续培养。

一般葡萄苗木可分为三级，一级和二级苗为合格苗，可以出圃栽植；三级苗为弱苗或称为等外苗，不能直接出圃栽植，应留在圃内继续培育；其他因起苗时严重受损或没有培养前途的苗木，在选苗分级时应作为废苗剔除。优质苗木一般原则：品种纯正，砧木正确；地上部枝条健壮、充实，具有一定的高度和粗度，芽体饱满；根系发达，须根多，断根少；无严重的病虫害和机械损伤；嫁接苗的接合部愈合良好，具体可参考葡萄苗木标准。

（三）苗木检疫

1. 苗木检疫的作用和意义　苗木检疫是在苗木调运中，

国家以法律手段和行政措施，禁止或限制危险性病、虫、杂草等有害生物人为传播蔓延的一项国家制度。

许多有害生物，包括各种植物病原物及有关的传病媒介、植食性昆虫、蛾类和软体动物、对植物有害的杂草等，可以通过各种人为因素，特别是通过调运种苗等途径，进行远距离传播和大范围扩散。这些有害生物一旦传入新区，如果条件适宜，就能生存、繁衍，甚至造成严重危害，留下无穷的后患。例如，葡萄霜霉病、白粉病、根瘤蚜，原分布于北美洲，19世纪随同葡萄苗木的引进而传入法国及欧洲其他国家，致使欧洲的葡萄园遭受了一场毁灭性的灾难，特别是法国，白粉病使其葡萄在短期内减产超过75%，根瘤蚜使其毁灭了过半的葡萄园。因此，苗木检疫工作是十分重要和必要的。它是植物保护总体系中的一个重要组成部分，即是植物保护总体系中的防止危险性病、虫、杂草传播扩散的预防体系。它在植物保护工作中，具有独特的、其他措施所无法替代的重要作用和深远意义。

随着人类生产活动和贸易交流的发展，从国外或其他地区引进果树种子、苗木等繁殖材料增加，因而人为传播植物病、虫、杂草等有害生物的危险性也更为突出。而且由于现代交通工具的使用，使得人为传播病、虫、杂草等有害生物，比以往任何时候都更加容易、更加迅速。因此，在当今社会，通过对果树苗木的检疫来防止危险性病、虫、杂草的人为传播，比之以往也就更加困难、更加重要。为了保护新产区不被危险性病虫危害，国家规定只有由检疫部门检疫合格并发给检疫证书的苗木才能在地区间调运。

2. 检疫对象和有害病虫　检疫对象是我国对检疫性有害生物的习惯说法，我国植物检疫法规中所提的检疫对象，是指经国家有关植检部门科学审定、并明文规定要采取检疫措施禁止传入的某些植物病、虫、杂草。它们是一些危险性大、能随植物及其产品传播、国内（或本地）尚无发生或虽发生但分布不广、正在积极防治的危险性病、虫、杂草。凡带有危险性病虫的材料禁止输入或输出。

检疫对象分为两个不同的等级：一是国家植检法规中规定的检疫对象；二是各省（自治区、直辖市）补充规定的检疫对象。国家规定的检疫对象，包括进口植物检疫对象和国内植物检疫对象。进口植物检疫对象是指国家规定不准入境的病、虫、杂草，其名单由农业农村部公布；国内植物检疫对象是指在国家有关部门（农业农村部或国家林业局）发布的植检法规中，所规定的国内植物及其产品移动中必须检疫的某些危险性病、虫、杂草等。各省（自治区、直辖市）补充规定的检疫对象，是根据本地区安全生产的需要，在各地植检法规中所规定的不准传入的危险性病、虫、杂草。我国对葡萄的检疫对象主要是葡萄根瘤蚜。

检疫对象的确定是一件严肃、慎重的事情。因此，必须经过严格的科学论证、评价，使其具有充分的科学依据；同时还要根据客观情况的变化，对已确定的检疫对象及时地予以补充和修订，以便更加适应变化了的客观情况的需要。要及时掌握检疫对象名单颁布、修订的情况，以便准确、有效地对苗木进行检疫。

3. 苗木检疫的主要措施　苗木检疫不是一个单项的措施，而是由一系列措施所构成的综合管理体系。其管理措施包括：划分疫区和保护区；建立无检疫对象的种苗繁育基地；产地检疫、调运检疫、邮寄物品检疫；从国外引进种苗等繁殖材料的审批和引进后的隔离试种检疫等。这些措施贯穿于苗木生产、流通和使用的全过程，它既包括对检疫病虫的管理，也包括对检疫病虫的载体及应检物品流通的管理，也包括对与苗木检疫有关的人员的管理。与果树苗木繁育直接相关的主要有产地检疫和调运检疫。

（1）产地检疫。主要是指植检人员对申请检疫的单位或个人的种子、苗木等繁殖材料，在原产地所进行的检查、检验、除害处理及根据检查和处理结果做出的评审意见。其主要目的是查清种苗产地检疫对象的种类、危害情况及它们的发生、发展情况，并根据情况采取积极的除害处理。把检疫对象消灭在种苗生长期间或在调运之前。经产地检疫确认没有检疫对象和应检病虫的种子、苗木或其他繁殖材料，发给产地检疫合格证，在调运时不再进行检疫，而凭产地检疫合格证直接换取植物检疫证书；不合格者不发产地检疫合格证，不能外调。产地检疫的具体做法和要求是种苗生产单位或个人事先向所在地的植检机关申报，并填写申请表，然后植检机关再根据不同的植物种类、不同的病虫对象等，决定产地检疫的时间和次数。如果是建立新的种苗基地，则在基地的地址选择、所用种子、苗木繁殖材料以及非繁殖材料（如土壤、防风林等）的选取和消毒处理等方面，都应按植检法规的规定和植检人员的指导进行。

（2）调运检疫。也称为关卡检疫，主要是指对种苗等繁殖材料及其他应检物品，在调离原产地之前、调运途中及到达新的种植地之后，根据国家和地方政府颁布的检疫法规，由植检人员对其进行的检疫检验和验后处理。按其职责、任务分为对外检疫和国内检疫。调运检疫与产地检疫的关系至为密切，产地检疫能有效地为调运检疫减少疫情，调运检疫又促使一些生产者主动采取产地检疫。检疫时如发现检疫对象，应及时划出疫区，封锁苗木，并及时采取措施就地进行消毒、熏蒸、灭菌，以扑灭检疫对象。对未发现检疫对象的苗木，应发放检疫证书，准予运输。

（四）苗木的消毒、包装和假植

1. 苗木的消毒　苗木挖起后，经选苗分级、检疫检验，除对有检疫对象和应检病虫的苗木，必须按国家植物检疫法令、植检双边协定和贸易合同条款等规定，进行消毒、灭虫或销毁处理外，对其他苗木也应进行消毒灭虫处理。

（1）药剂浸渍或喷洒。常用的药剂可分为杀菌剂和杀虫剂两类。苗木消毒常用杀菌剂有石灰硫磺合剂、波尔多液、代森锌、甲基硫菌灵、多菌灵等。例如，落叶果树起苗后或栽植前可用 3～5 波美度石硫合剂或 1：1：100 波尔多液喷洒，或浸苗 5～10 分钟，进行苗木消毒。杀虫剂的种类较多，主要有硫磺制剂、石油乳剂、除虫菊酯类、有机氯及有机磷杀虫剂等。在使用时，可根据除治对象进行选择。例如，防治梨圆蚧、球坚蚧等，可喷洒 5％柴油乳剂，或 3～5 波美度石硫合剂。

（2）药剂熏蒸。在密闭的条件下，利用熏蒸药剂汽化后的有毒气体，杀灭病菌和害虫。该法是当前苗木消毒最常用的方法之一。广泛用于种子、苗木、接穗、插条及包装材料的消毒处理。熏蒸剂的种类很多，常用的有氢氰酸（HCN）。此外，杀菌烟雾剂可选用 45％百菌清、15％三乙膦酸铝等。杀虫烟雾剂可选用 10％异丙威烟雾剂等。药剂熏蒸是一项技术性很强的工作，使用的熏蒸剂，对人都有很强的毒性。工作人员必须认真遵守操作规程，注意安全，迅速施药并及时撤离，开窗换气后方可进入贮苗库，以免中毒。

2. 苗木的包装 苗木挖起后，其根系如果暴露于阳光下或被风长时间吹袭，会大大降低苗木的质量，不仅降低苗木栽植的成活率，还影响苗木栽植后的生长。为了使出圃苗木的根系，在运输过程中不致失水和被折断，并保护苗木（特别是嫁接苗）不受机械损伤，在苗木挖起后运输前，必须根据具体情况，对其进行适当的包装。一般短距离运输苗木只进行简单包装保湿。苗木根部蘸泥浆，装车后用一层草帘等湿润物覆盖，再用塑料布和苫布密封保湿即可。长距离调运苗木应进行细致包装。包装材料可就地取材，一般以价廉、质轻、坚韧并能吸水保湿，而又不致迅速霉烂、发热、破散者为好，如蛇皮袋、草帘、草袋、蒲包、谷草束等。填充物可用碎稻草、锯末、苔藓等。绑缚材料可用草绳、麻绳等。用草帘将根包住，其内加湿润的填充物，包裹之后用湿草绳或麻绳捆绑。每包苗木的株数依苗木大小而定，一般为 20～50 株。包装好后系上标签，注明树种、品种、砧木、质量等级、数量、苗木质量检验证书编号、产地和生产单位等。运输途中要勤检查包装内的温度和湿度，如发现温度过高，要把包装打开通风，并更换填充物以防损伤苗木；如发现湿度不够，可适当喷水。为了缩短运输时间，最好选用速度快的运输工具。苗木到达目的地后，要立即将苗木假植，并充分灌水；如因运输时间长，苗木过分失水时，应先将苗木根部在清水中浸泡一昼夜后再进行假植。

3. 苗木的假植和贮藏

（1）苗木的假植。苗木挖起后定植前，为了防止过分失水，而影响苗木质量，而将其根部及部分枝干用湿润的土壤或河沙进行暂时的埋植处理，称为假植。葡萄苗的假植区应选择背风庇荫、排水良好、不低洼积水也不过于干燥的地点，并尽量接近苗圃干道。一般假植沟深 50 厘米、宽 100 厘米，将苗木成束排列在沟里，再用湿润的土壤将其埋住，仅露出供辨认的梢头即可。假植时应分次分层覆土，以便使根系和土壤充分密接。土壤干燥时，还应适量灌水，以免根系受冻或干旱。假植苗应按不同品种、砧木、级别等分开假植，严防混乱。苗木假植完成后，对假植沟应编顺序号，并插立标牌，写明品种、砧木、级别、数量、假植日期等，同时还要绘制假植图，以防标牌遗失时便于查对。在假植区的周围，应设置排水沟排除雨水及雪水，同时还应注意预防鼠害。在严寒地区假植苗木，或者在假植耐寒性差的苗木时，防冻作业是保护假植苗木安全越冬的一项必备措施。常用的防冻方法有埋土防冻、风障防冻、覆草防冻及地窖、室内和塑料大棚防冻等。具体操作时，可根据各地气候、苗木特性选择使用。

（2）苗木的贮藏。苗木贮藏的目的是为了更好地保证苗木安全越冬，推迟苗木的发芽期，延长栽植或销售的时间。苗木贮藏的条件，要求控制温度在 0～3 ℃，最高不超过 5 ℃；空气相对湿度为 70%～90%；要有通气设备。可利用冷藏室、冷藏库、冰窖、地下室和地窖等进行贮藏。目前，国外大型苗圃和种苗批发商，为了保证苗木周年供应，多采用冷藏库贮藏苗木。将苗木分级消毒后，放在湿度大、温度低（5 ℃左右）、无自然光线的冷藏库中，根系部位填充湿锯末，可延迟发芽半年以上，出售时用冷藏车运输，至零售商时再栽入容器中于露地进行培养，待恢复生机后带容器销售。我国目前几乎没有长期贮藏、周年供应的苗木，苗木贮藏一般和苗木假植结合进行。

（3）苗木贮运注意事项。近年来，在果苗的贮运中，发现有脱水抽干和烂根等现象，对苗木的成活影响极大。苗木过早出圃和保管不及时；贮藏时苗捆太大，部分苗木未能沾好泥浆，使根部温度增高发生烂根；过早、过多的盖土，造成 2 次发芽，或未能及时封土，致使部分苗木抽干；贮运、栽植当中发生冻害和严重碰伤；在贮运当中，没有用苫布盖严，遭大风袭击，致使苗木失水而抽干。当苗木全部落叶后进入休眠期即可出圃。出圃后应放在背阴避风的地方防止脱水；果苗经检疫消毒后，在运输中要防止干枯、冻坏、磨伤。在包装外运时，可在根部填充湿润的锯末、碎稻草等，必要时在根的外边加一层塑料布保湿。为防止混乱，苗木每捆为 20 株，用草绳捆紧，挂好标签，注明品种和砧木名称及等级；苗木不及时外运或不立即栽植时，必须进行短期假植，可挖浅沟，将根部埋在地面以下防止干燥。等待翌年外运或春栽的

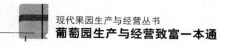

苗木则要进行冬季贮藏、覆土。根据气温分期盖土，使假植坑内温度保持在 0～5 ℃。大地封冻时，要将土一次盖足，使苗木梢部刚盖住为宜；尽量防止在贮运、栽植中冻害、失水和严重碰伤。

第三章
建园与定植

葡萄树的寿命和经济年限都较长，而葡萄生产管理工序相对复杂，不同的栽植方式对葡萄生产管理及销售都会产生较大影响。因此，建园时必须做好长期规划，科学地进行园地选择与定植建设。

一、园地选择

在建园时必须充分考虑影响葡萄种植的各种因素，一旦建园后将无法改变。虽然建园时需要考虑的问题很多，但完全符合葡萄生产的园地是很难遇到的，因此，生产上建园时主要考察土壤质地和地理位置两方面的因素。

（一）土壤选择

葡萄生长对土壤条件的要求不是十分严格，偏沙的土壤种植葡萄相对较好。一是沙质土壤春季温度回升较快、发芽早，可提早成熟，利于早熟品种栽培时选用；二是沙质土壤温差大、利于养分积累而提高果实品质，这在消费者消费水平不断提高的情况下显得较为重要。对于土壤条件不好的地块，要加强对土壤的改良。在黏土地、盐碱地种植葡萄时，通过增施有机肥等措施，对土壤要进行一定程度的改良，这样才能达到良

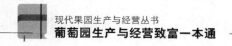
好的效果。

（二）位置选择

葡萄园尽可能选在交通方便的地方，以便于产品外运销售，尤其是以采摘观光为目的时，一定要考虑到顾客的方便，尽量设置在城市郊区、高档人群分布较为集中的地区。靠近当地交通要道及旅游观光区时，对销售将更为有利。要选择排水、灌水条件比较方便的地方，使植株能健康正常地生长发育。距离大中城市消费市场较远的地方，要选择储运性较好的品种，以适应销售的需要。在城市郊区或高消费地区，应以品质作为选择的最重要标准。

二、施肥整地

建园时需要对土壤进行一些必要的准备工作，如清除原土地上不利于葡萄建园的障碍及植被、平整土地等，尤其是根据园地土壤质地进行必要的改良，满足葡萄种植要求。

（一）葡萄对土壤条件的要求

1. 疏松的土壤结构　在相对疏松的土壤上，葡萄根系才能够较快地生长并能良好地发育。维持一个庞大而健壮的根系是保证葡萄正常生长发育的基础，对葡萄生产具有十分重要的意义。

土壤是由固体、液体、气体组成的疏松多孔体，土壤固体颗粒之间是空气和水分流通的场所，必须保持一定的孔隙度，才能有利于葡萄根系吸收养分，保证根系正常的生长发育。单位体积土壤的容重是反应土壤松紧度、含水量及空隙状况的综合指标，土壤容重与葡萄根系发育关系密切。一般来说，土壤容重较小（即较为疏松）时，根系生长发育良好，根系大量分布；土壤容重较大时，根系生长发育受阻。研究表明，当土壤容重超过 1.5 克/厘米³ 时，葡萄根量明显减少；土壤中大小不同的空隙比例在葡萄生产中有重要意义。沙土土粒粗，空隙大，透水、透气性较好，但保水保肥能力差；黏土地则相反，虽然保水保肥性好，但透气、透水性较差，土壤温度不易上升。而壤土居于二者中间，空隙比例适当，即有良好的透气、透水性，又有良好的保水保肥能力。土壤结构是指土粒相互黏结成的各种自然团聚体的状况。通常有片状结构、块状结构、柱状结构、团粒结构等，以团粒结构的土壤最为理想。团粒结构的土粒直径以 2～3 毫米最好。团粒结构的土壤稳定性好、空隙性强，能协调透水和保肥的关系，土壤中微生物种类多、数量大，有利于土壤有机质的分解，便于养分被作物吸收，有利于葡萄正常生长发育。团粒结构的形成与土壤有机质含量关系密切，增施有机肥、反复耕耙等有利于团粒结构的形成。

不同的葡萄品种对土壤条件有不同的要求。一般来说，欧美杂种根系较浅，需要较强的土壤肥力，适合在微酸、微碱及中性土壤种植，对盐碱地则也比较敏感，不耐石灰质土壤，但对于土壤结构要求不严，即使在黏土、重黏土上也能栽培；而欧亚种属于深根性，对土壤肥力要求相对没有欧美种高，但对于土壤结构要求较高。在沙土、沙壤土上表现良好，更适合栽植在石灰性、中性、微酸性土壤上。生产上施肥整地等工作都应将改善土壤孔隙度、改善土壤团粒结构当作一个基础性工作引起特别重视。

2. 较高的有机质含量 土壤有机质是指存在于土壤中的所有含碳物质，包括土壤中各种动物、植物残体、微生物及分解和合成的各种有机物质。有机质含量是优质葡萄生产的一个非常重要的土壤指标，对土壤的性质起着重要作用，对葡萄的质量和产量有十分重要的影响。有机质的主要元素为碳、氧、氢、氮，其次是磷和硫，有机质的碳氮比（C/N）一般在 10 左右。土壤有机质中的主要化合物组成是类木质素和蛋白质，其次是半纤维素、纤维素等。土壤有机质一般分为两类，一类是还没有分解或部分分解的动植物残体，这些残体严格来说并不是土壤有机质，而只是存在于土壤中的有机物质，尚未成为土壤的组成部分；另一类是腐殖质，它是土壤中的有机物质在微生物的作用下，在土壤中新形成的一类有机化合物，这些有机化合物与一般的动植物残体及土壤中的其他化合物有明显不同。稳产优质的葡萄园，土壤 pH 一般应在 6.5～7.5，有机质含量应保持在 1.5% 以上。

在现代葡萄生产中，土壤中较高的有机质含量对改善葡萄品质、促进葡萄生长发育具有非常重要的意义，应引起我们高度重视。土壤有机质含量增加了，土壤结构、土壤理化性质、土壤营养等也会得到相应改善，葡萄生长发育水平将会明显提高。据统计，国外优质葡萄园有机质含量高达 7% 以上，而我国目前大部分土壤有机质含量还不足 1%，差距十分明显。各种有机物质进入土壤后，需要经过一定的过程才能转化为植物需要的营养，这些过程包括在良好的通气条件下，有机物质经过一系列好气微生物的作用，彻底分裂为简单无机化合物。土壤有机质彻底分裂并同时释放出二氧化碳、水和能量，所含的氮、磷、钾等各种营养元素在一系列特定反应后释放成为植物可利用的各种养料。土壤微生物在有机质的转化中起到巨大的作用，它主导着土壤有机质转化的基本过程。因此，影响有机质转化的条件就是微生物转化的条件，如水分、空气、温度、土壤酸碱度、营养物质、有机质的碳氮比等。通常一般的秸秆要适当增加一些氮肥才能更有利于微生物活动而加速分解。

土壤中的有机质含有植物生长发育需要的各种营养元素，对土壤的物理、化学和生物学性质有着深刻影响，对土壤水、气、热等各种肥力因素起着重要的调节作用，对土壤结构、土壤的黏结性、可塑性等有巨大影响。增加土壤有机质含量是我国葡萄优质化、精品化生产的重要的基础性工作，从一定意义上说，它决定着葡萄园未来的发展，应引起高度重视。土壤有机质含量增加了，土壤结构与肥力也就相应提高了，葡萄将会生长健壮、生长发育均衡、花芽分化良好、产量增加、外观及内在品质将得到明显提高，而且各种病害减轻，管理费用降低。

生产上提高土壤有机质含量的主要措施有定植前大量施用有机肥或秋季施用有机肥作基肥，还可以在葡萄行间生草，待草长到一定程度时翻入土中。总之，土壤有机质含量提高了，葡萄优质精品化生产就变得相对简单了。

3. 充足而均衡的养分 当营养不足时，葡萄生长发育就会受到影响。良好的生长发育要求营养要充足，只有营养充足了，葡萄才会健康地生长发育。葡萄对养分的需求存在着一定的规律性，在不同的生长发育阶段，对土壤肥力的要求也有所差别，某种元素过多或者过少时，都会破坏养分平衡，给葡萄带来不良影响，需要通过追施肥料进行调节，使之符合葡萄生长发育的要求。

元素之间存在着相助与相克作用，如锌是钙的增效剂，当土壤中锌含量充足时，可提高植株对钙元素的吸收利用，镁是锌、锰的增效剂，锰是锌、镁的增效剂。这种现象称为相助作用。还有一种现象是当土壤中一种元素含量增加时，葡萄根系对另一种元素的吸收利用减少，这种现象称为相克作用，也称为拮抗作用。如磷过多或过少时，影响葡萄对硼、锰、锌的吸收；钾含量较高时，影响对氮、镁、钙的吸收；钙含量较高时，影响对钾、镁的吸收；镁含量较高时，影响对钙的吸收。葡萄对元素的吸收利用是一个复杂的过程，葡萄正常的生长发育更需要充足而均衡的营养，单种元素不可盲目地过量施用，否则会带来不良影响，甚至会引起连锁反应。

（二）施肥整地

葡萄定植前的施肥整地是保障葡萄健康生长的基础性工作。以优质化、精品化为生产目标时，更应该重视所施用的有机肥种类和数量。一旦定植后，由于葡萄植株与架材占据一定的位置，进行土壤改良不方便，因此，要高度重视种植前葡萄园有机肥的施用。

施用的有机肥一般应以食草动物的粪便、农作物秸秆为主，如牛粪、羊粪、粉碎的玉米秸秆、小麦秸秆等，这些有机肥对改良土壤结构效果较为显著。在我国中部和北部地区，以玉米茬种植葡萄时，玉米采收后，可将秸秆就地粉碎，在此基础上，再施用一次有机肥，施肥标准可结合土壤特性、栽培目标等决定，一般每亩可撒施 5～10 米^3，可分两次施入田间。第一次有机肥施用后，采用专用深翻犁深翻。春季，当土壤解冻后，将土壤旋耕一次，每亩可再施用 5～10 米^3 有机肥，并加入 30～50 千克的复合肥，深翻、旋耕，等待定植。猪粪养分较为丰富，对苗木生长十分有利，且能保持较长时间的肥效，定植当年葡萄生长较为健壮，叶片青绿。

当上述犁地深度能达到 35～40 厘米时，可直接定植葡萄苗。如深度不能达到要求的标准，在定植前需按照行距开沟定植，并于沟内填进一定量的牛粪或其他有机肥，一般以腐熟后的食草动物的粪便为好，以改良土壤结构、保持根系生长处于一个疏松的环境下。

三、葡萄园规划

葡萄园规划必须在调查、测量的基础上，进行科学的规划和设计，使之合理利用土地，符合现代化先进的管理模式，采用最新的技术，减少投资，提早投产，在无污染的生态环境中提高浆果质量和产量，可持续地创造较理想的经济效益和社会效益。

（一）道路规划

道路设计应根据果园面积确定。葡萄园以 10～20 亩一方较为适宜，面积过大时，田间作业不方便，工作人员有疲劳感。面积过小时，浪费土地。在一般情况下，园地面积较大时，应设置大、小两级路面。大路要贯穿全园，与园外相通，宽度一般为 4～8 米。小路是每小区的分界线，是作业及运输通道，方便管理，主要应考虑到喷药及耕作等机械的田间操作。如采取南北行向栽植时，种植方之间的东西向小路宽度应在 3～4 米，以方便机械在相邻两行之间转弯作业。而南北向的小路可适当窄些。

道路规划应兼顾到每行种植葡萄的株数，而株数的确定，应结合两立杆间的距离而进行，为了兼顾果园的外观效果，每行栽植的株数应为两立杆间距离的倍数。这样，立杆在田间才会整齐划一，富有美感。

（二）排灌系统规划

葡萄园灌溉系统的建立首先要考虑必须有充足的水源。要重视建立灌水设施，保证在葡萄需要水分的时期能及时浇水，并达到有计划地灌水。灌水不仅是干旱时应该采取的一项技术措施，更重要的是灌水可以配合田间施肥，促进果树对肥料的及时充分利用，达到理想的效果。微喷灌及滴灌技术在我国多地被广泛采用，其肥水一体化供应可大大提高工作效率，而且可提高肥料利用率、节约水分、对土壤不造成板结，利于葡萄生长发育。

其次，要重视排水设施的建设，无论是在南方还是中部地区，葡萄园都应重视排水设置的建设，果园水分过多而不能及时排出时，连续多日的积水，不仅会使葡萄根系生长吸收受阻，地上部会表现出一些生理病害而严重影响葡萄的生长发育，而且还会造成植株徒长、严重影响到葡萄的花芽分化，直接影响到翌年的产量与质量。保持果园相对干燥的土壤环境对果实品质提高、花芽分化等具有非常重要的作用。在葡萄成熟期，田间水分如不能及时排出，对葡萄品质也会有很大影响。

（三）行距确定

葡萄行向一般包括东西行向和南北行向。采取棚架栽培时，多为东西行向，这样可以让棚面充分接受到阳光照射，便于管理和产量的提高。而采取 V 形架及其他栽培方式时，则采取南北行向较多，以保证更为科学地利用阳光。行距的确定应根据不同的架式并参考品种的生长势决定。在一般栽培条件下，V 形架行距应保持在 2.5 米左右，行距过小不利于田间作业，尤其是采取避雨栽培时更是不便，行距过大时浪费空间，影响产量提高。避雨栽培条件下，V 形架行距可加大到 2.8～3.0 米，应根据确定的干高和土壤条件而定。小棚架行距一般为 4～5 米。行距较大时，有利于田间机械作业。当行距过大时，不利于前期产量提高。在人工费用越来越高的情况下，扩大行距、增加机械作业比例是今后发展的趋势。

（四）定植沟开挖

定植沟按照行距进行开挖。定植沟开挖的目的是创造一个利于根系生长发育的良好土壤环境。施用有机肥及其他肥料后的土壤结构及土壤肥力将得到明显改善，并可有计划地使葡萄根系在熟土层内生长，促进及早进入丰产期，并为今后健康发育打下一个良好基础。按照行距开挖定植沟，沟的宽度一般为80 厘米左右，深度为 60 厘米左右。在雨水较多地区、土壤黏重的地块、巨峰系品种上，由于根系分布相对较浅，沟的深度也可适当降低。如果定植沟过深，有机肥将会更为分散，单位体积土壤内的有机肥含量降低；大量的生土被开挖出来不仅浪费人力物力，而且会对葡萄生长带来不利影响。定植沟一般要在冬季寒冷天气来临之前开挖完成，以便使挖出的土在经受冬季寒冷天气后以提高土壤肥力。

定植沟开挖通常有机械开挖、人工开挖、人工开挖和机械结合3种方式。机械开挖多采取挖掘机进行，其优点是开挖成本较低、速度较快，缺点是挖掘机到田间进行作业时，会将原本松软的土壤压实而影响将来葡萄根系生长；人工开挖的优点是开挖质量较高，生土与熟土可达到较为严格的分开放置，在我国劳动力资源越来越短缺的情况下，人工开挖成本过高；采取机械结合人工开挖的，通常采用机械将土壤向外深翻，来回各一次，在此基础上，再进行人工开挖。采用人工开挖时，为节省成本，当定植沟开挖至30～40厘米深时，下面的土可不必翻出来，可将一定数量的肥料撒入沟内直接翻入，春季栽植前再进行上部土壤回填。因下部土壤多为生土，因此有机肥和其他肥料的施用比例应适当增加，以利于土壤结构改良和增加土壤肥力。定植沟开挖时，上部的熟土与下部的生土要分层开挖、左右分开放置，以便能按照要求做到科学回填。

（五）沟内土壤回填

定植沟的回填一般在春季进行，可于定植1周前完成，有条件的地方，定植沟的底层可放置10～20厘米厚的作物秸秆，以提高土壤的通透性。沟土回填的原则是能保证沟内土壤疏松、养分充足、肥料均匀分布，并保证根系生长在熟土层内。为达到这些目标，我们提倡在定植沟内填入经过上述施肥整地后的地表熟土，这样田间操作也较为方便，也较利于当年定植葡萄树的生长发育，因为地表土经过多年的耕作，土壤肥力较好，加之开沟前所施用的肥料经过深翻与旋耕后，在土壤表层分布较为均匀。实践证明，采取这样的回填方法，定植苗在当年可获得较快的生长，第二年即可获得相当的产量。在定植沟较窄较浅、定植行较宽时，适合采取这样的回填方法，因为田间操作起来相对方便。从定植沟开挖时，就要做到生土与熟土在沟的两边分开放置，将熟土和与熟土一边的表土回填到沟内，达到与周围地面平行或略低于周围地面，随后将挖出的生土撒在沟对面因地面表土被填入沟内后而形成的低洼处。

当定植沟开挖较宽较深、行距较小或挖掘机不能严格控制生土熟土分开放置的情况下，要达到沟内全部填入土壤表面熟土的目标恐怕会有一定难度，可能仍要采取分层回填的方法。在我国中部地区的一般土壤上，葡萄根系多分布在地下 20～40 厘米处，因此，土壤回填时要参考这一情况进行。土壤回填时，土与肥料要分层均匀填放，并用工具将肥料与土壤掺和均匀。在原来普施肥料的基础上，此次沟内也要加入一定量的有机肥和化学肥料。有机肥仍以牛粪等食草动物粪便为主，每亩可 3 米^3 左右，要在施用前晒干打碎。尿素和氮磷钾三元复合肥每亩用量可保持在 10 千克左右，定植时要保证化学肥料不能直接与根系接触，以免对苗木产生伤害。沟内施肥工作做好了，可以保证当年幼树健壮生长。而影响效果好坏的除了施肥量以外，与肥料是否能均匀地掺入土壤也有很大关系。生产上常遇到的问题是定植沟内施用未经腐熟的潮湿成块的有机肥，尤其是鸡粪等有机肥集中地施入沟内后，由于不能与土壤充分拌匀，对葡萄根系生长十分不利，从一定程度上还会产生伤害，我们应加以避免。

四、葡萄定植

葡萄品种及砧木苗木的选择须根据当地气候及园地情况进行选择。定植时选择无病毒苗木，栽植时充分考虑到苗木长势、果园规划情况、采取的架式等因素，对苗木进行必要的技术处理以提高栽植成活率，同时要考虑到行间距、朝向等，为优质葡萄的生产打下良好基础。

（一）苗木挑选

苗木质量直接关系到定植当年生长的好坏，定植高质量的苗木是促进当年良好生长及在第二年获得一定产量的基础性工作，应引起十分重视。高质量的苗木应是大苗、根系较为发达、拥有 2～3 个发育良好的饱满芽。定植苗刚发芽时，最初消耗的是苗木体内的营养，大苗体内储存有更多的营养物质，苗木生长得更快。饱满芽发芽更早、芽更旺，抽生的新梢生长也更快。当上部饱满芽不发而下部瘪芽萌发时，一般发芽相对较迟、生长速度也较慢。当定植苗生长到一定阶段，体内营养物质被消耗的差不多时，这时根系是否发达将对苗木生长起到重要作用。健壮的根系一般呈现亮黄色且根系发达，死亡的根系一般为黑色，死亡时间较长时根系甚至带有白色霉状物。

苗木要分级定植，这样可提高田间生长的整齐度，使高低更趋一致而便于管理。苗木质量的差异会带来植株生长发育上的差异，因此在苗木定植时，要确保栽植优质的、符合要求的苗木。定植剩余的苗木最好栽植在较大的营养钵内，以方便发芽后的田间补苗，以备替换田间不发芽的、生长缓慢的。

严格把握定植这一关，对于促进早日结果与丰产是非常必要的。在我国，因苗木质量欠佳而造成定植后幼苗生长发育不良的现象非常普遍，待出现这种现象后再采取施肥、浇水等补救措施，即使花费大量的人力物力，有时也达不到定植优质苗木生长发育的水平。

（二）苗木处理

1. 清水浸泡 葡萄苗木在冬季储藏的过程中会失水，为提高成活率，通常在栽植前对苗木进行清水浸泡，使其吸水，促进体内生命活动，利于萌发新根和萌芽。浸泡时间一般为12小时左右，在冬季储藏中失水严重的苗木可适当增加浸泡时间。

2. 药剂处理 为杀灭苗木枝条所带病菌，在苗木浸泡取出后，要对其进行药剂处理。生产上多采用杀菌剂对地上部分进行浸蘸处理，此时可采用具有内吸作用的杀菌剂，常用的如多菌灵等。由于枝条尚处于休眠期，且刚从水中捞出，配制的杀菌剂可以适当浓一些，如采用多菌灵消毒时，可使用100～200倍液。此外，还可采用3～5波美度的石硫合剂等进行枝条消毒。

3. 苗木修剪 对于苗茎较长的苗木要进行修剪。较短的苗茎可促进苗木生长更加旺盛，而且芽眼较少时可减少抹芽等的工作量。修剪后，苗茎一般要保留2～3个饱满芽。较长的根系也要进行修剪，根系修剪后，利于发出新根。根系保留长度一般不超过15厘米。经过修剪后，由于地上部分与地下部分保留的长度基本一致，幼树生长高低相对较为整齐。

（三）苗木栽植

1. 栽植时期 葡萄苗木多在春季栽植，不同地区一般栽植时期不同，主要应根据根系活动始期而定。我国中部地区一般在3月上旬（惊蛰前后）即可开始栽植。在采取地膜覆盖的情况下，土壤墒情得到很好保障，春季温度回升到一定程度时，也可提前开始进行。生产实践表明，春季栽植较早的苗木生长更为旺盛。

2. 株距的确定 采用V形架、V形水平架定植时，株距多为1～2米，第二年或第三年即可进入丰产期。结果后的植株应不断间伐，使单位面积株数逐渐变少且最终达到一定的数量。生产实践证明，葡萄进入丰产期后，在株行距较大的情况下，树体发育更加完整，树体长势趋于中庸，更便于管理，果实发育较为一致，更利于优质。

在苗木栽植前，首先确定地头第一根立杆的位置。在确保行距一致的情况下，每行地头的第一根立杆要在一条直线上。在确定每行第一根立杆的基础上，进行株距确定和标记。

3. 苗木定植　在苗木定植前，首先要考虑的是架材栽植要南北、东西行向一致，尤其是在避雨栽培条件下，更应考虑这些因素，以利于架材搭建。在避雨栽培条件下，为达到这样的目标，常采用先搭建架材，而后再栽植苗木。如果先栽植苗木时，应考虑到架材搭建的位置，并进行标记，在标记的基础上进行苗木栽植。

根据苗木根系大小决定穴的大小，穴一般中间高，四周低。苗木放置时，将根系向四周舒展。苗木覆土后，苗木栽植处土壤略高于周围，用手掌要压实，或者用脚轻轻踩实。在挖好的小坑内，葡萄的根系附近的土壤不要有肥料，不能让根系与肥料直接接触，尤其不要直接接触速效化学肥料，以免对根系造成伤害。嫁接苗的嫁接口不能埋入土内，否则嫁接口处将会长出新根，失去了嫁接的意义。

田土回填至接近满沟时进行浇水灌溉，浇水后沟内土会下沉，2～3天后再进行苗木栽植，这样苗木根系就可以生长在设定的深度。如灌水不便，可人工用脚将沟内土踩实等待定植。要适当浅栽，一般上部根系距离地表5厘米左右，这样利于葡萄苗木迅速生长。栽植过深时，苗木根系多分布在生土层，往往生长不旺。根系分布较深，也给今后田间施肥管理等造成较大困难。从地理位置看，南方栽培应浅一些，而北方冬季温度较低，为防治根系冻害，应适当深栽。

葡萄定植后，要及时开挖浇水沟浇水。为提高成活率，一般定植当天浇水完毕。大水漫灌会造成土壤表面开裂而影响将来小苗生长,一般以滴管、喷灌为好。

覆盖地膜的时间目前生产上多采用黑色地膜进行覆盖,因为黑色地膜有防止杂草的作用。覆盖时,将苗木从地膜下取出,苗木出口处用碎土压实,地膜两侧也要拉紧压实,以减少地膜下水分向外蒸发。

五、葡萄立架

葡萄的架式与葡萄的品质密切相关,而葡萄立架的质量又决定着葡萄生产的效率。葡萄必须依附架材支撑去占领空间。所以每年要通过人工整枝造形,才能使枝蔓合理地布横架面,充分利用生长空间,使其适应自然环境,增加光照,达到立体结果,以形成优质、丰产的优良树形。

(一) 立支杆

1. 水泥柱 水泥柱由钢筋骨架、沙、石、水泥浆制成,为保证质量,一般采取较高标号的水泥。由 4 根 8 号冷扎丝或直径为 6 毫米的钢筋为纵线,与 6 条腰线组成内骨架。

2. 镀锌钢管 镀锌钢管的规格一般采用 DN32(外径42.4 毫米)或 DN40(外径 48.3 毫米),为防止生锈,一般采用热镀锌钢管。下端入土 30～50 厘米,采用沙、石、水泥作柱基(生根),柱基直径 15～20 厘米,可保证稳固性。柱基坑可用机械开挖。机械开挖后,坑较为坚实,填入混凝土后,立杆较为稳固。

采取 V 形架时,在钢管的干高部位钻一小孔,以备穿钢丝使用。在每行树两个地头立杆的下面穿钢丝的小孔位置拉一根细线,以确定每行中间立杆小孔在一条直线上。当最下方的小孔在一条直线上时,立杆上部也将会在一个平面上,这样就会达到整齐一致的效果。

（二）拉钢丝

为避免生锈，葡萄园常使用镀锌钢丝。在保证质量的情况下，尽可能使用较细的钢丝，可节约成本。直径为 1.6 毫米左右的镀锌钢丝在葡萄园被大量采用。在采取避雨栽培时，受力较大的、支撑棚膜等处的钢丝，直径可增加到 2.0～2.2 毫米。

（三）埋地锚

地锚在每行葡萄两端起固定与牵引作用，多以水泥、沙、石、钢丝制成的长方体，规格可根据定植行长度、受力的大小灵活掌握。一般长、宽各 0.5 米左右，厚度为 10～15 厘米。地锚起着固定立杆的作用，一定要掩埋坚固。其掩埋深度根据受力大小决定。在避雨栽培条件下的地锚深度一般在 0.6～0.8 米。不避雨栽培时，地锚可适当浅些。地锚掩埋后，要踏实灌水。随跨度的增加，地锚承受的拉力也随之增加。每定植行两端的地锚，尽可能埋入定植方之间的道路上，地锚线从道路立杆的地表面上穿过。

六、防护设施建设

葡萄园四周要建立防护设施。常见的防护设施有铁篱笆防护网、枳（也称为枸橘，嫁接柑橘用的抗寒砧木）等，铁篱笆防护网一般每隔 3 米左右一个，防护网的立柱用水泥和石子等浇灌埋入土中。枳因为具有较长的刺，使人难以靠近，相对于花椒等树种，下部枝条不会死亡而产生空隙。

为保险起见，沿着铁丝网再栽植 1 行枳，二者相互配合，可起到非常理想的防护效果。但需要注意的是，枳生长较为旺盛，应防止对葡萄生长发育的影响。应将枳的高度及根系生长限定在一定范围内，以枳作为防护网过高时，有挡风作用。葡萄园通风较差时，田间温度较高，影响葡萄生长及果实品质。此外，田间可设置摄像头，对不同角落进行监控，即使在室内，也可随时掌握田间状况。

七、定植当年管理

葡萄定植当年最主要是通过一系列管理措施保证其成活率，同时还需要对其进行一些必要的管理措施使其符合预定好的架式，方便将其培养成既定树形，达到优质、丰产的目的。

（一）地膜覆盖

葡萄苗定植当天应及时浇水，以促进成活。在浇水后的2～3天内即可覆盖地膜，常采用80～100厘米宽的黑色地膜进行覆盖。地膜具有土壤保墒、促进微生物活动、加速苗木生长的作用。地膜可以阻挡土壤中的水分蒸发，即使在外界较为干旱的情况下，地膜覆盖下的土壤仍有一个较为理想的含水量，这对葡萄的生长发育十分有利，尤其是在春季较为干旱的地区，这种作用更为显著。

地膜覆盖质量的好坏直接影响着幼苗当年的生长。覆盖前，地面要整理相对平整，无大块坷垃。覆盖时，将小苗破膜露出，破口处要尽可能小，地膜要紧贴地面，在小苗破口处，用碎土将小苗周围薄膜压住，地膜的边缘也要用碎土压实，以保持土壤水分。如果地膜没有紧贴地面，小苗被覆盖在地膜下面时，萌发的新梢会被晴天地膜下所产生的高温伤害甚至死亡，当地膜紧贴芽眼时，产生的温度会更高、伤害作用更大。定植后应及时检查，确保定植苗的芽眼部位处于地膜以上。

在地膜覆盖情况下，土壤拥有较为理想的含水量，对促进根系生长有利。当覆盖不透光的地膜时，由于地膜的透光性差，可有效抑制膜下杂草的生长。不同覆盖物对土壤温度的影响效果不同，覆盖物的透光率是主要影响因素。当覆盖透光率较高的白色薄膜时，白天土壤增温效果显著，在春季短暂使用对葡萄生长有利。随着气温的升高、光照强度的增加，白色地膜下会产生过高的温度，给葡萄根系生长发育会带来不良影响。而覆盖黑色地膜会降低土壤温度，在炎热的夏季使用效果更为理想。

（二）选定主干

当最旺盛的新梢长至 10 厘米以上时，开始选定主干。为保险起见，起初先保留两个最为旺盛的新梢。当能辨别出哪个将来会生长得更好时，把生长势较强的那个作为主干培养，而另一个副梢要在半大叶片处摘心，作为辅养枝以促进根系生长。对辅养枝上再发出的副梢应及时全部抹除，限制其进一步生长。嫁接苗要及时去除砧木上的萌蘖，以促进上部快速生长。嫁接口处的薄膜也要及时去除，防止对嫁接口产生伤害。

定干工作完成后，幼苗生长逐步加速。葡萄主干上 7～8 节后开始出现卷须，卷须的产生会消耗大量营养，要及时去除。在葡萄主干几乎每节都会产生副梢，一般在 3～5 厘米长度时去除。生产中，还会遇到生长较长的副梢。对于这样的副梢，不能一次性去除，否则有可能会带来当季冬芽萌发，副梢越长时，冬芽萌发的可能性越大。对于已经产生有大叶片的副梢，要在半大叶片处摘心，保留大叶片。半大叶片尚有继续生长的空间，会缓冲因摘心后营养集中供应的压力，可避免冬芽萌发。

葡萄绑缚通常有两种方法，一种是在最下面一道铁丝上，用尼龙绳等将小苗吊起向上生长，其缺点是遇到大风天气，小苗会产生剧烈摇晃影响根系正常生长。另一种是在每株小苗附近插 1 个竹竿，将新梢绑缚在竹竿上，使其沿竹竿向上生长，绑缚物呈 8 字形绑缚，以避免伤害新梢。竹竿长度根据干高及整形方式而定。当幼苗长至 30 厘米以上时，应进行绑缚，促使新梢直立，以加速生长。

（三）肥水促长

当年定植的葡萄苗发芽后，起初根系生长缓慢，在卷须出现后（一般 7～8 片叶），根系生长开始加速。从小苗上的卷须开始出现到达到干高高度以前的这段时间内，主要任务是追施尿素等氮素肥料，以促进苗木快速生长。在幼苗生长发育不好时，可能要多次追肥。追肥一般要开沟进行，前期距离根系 30 厘米，深度根据定植深度而定，一般 10～15 厘米。随着苗木不断生长、根系不断伸长，追肥沟至根系的距离要逐步加大。第一次追肥在新梢长至 7～8 片叶时即可开始进行。可于定植行一侧开挖长 40～50 厘米的条沟。当株距在 1 米或 1 米以下时，可在定植行的一侧，顺定植行方向开一条与定植行同长的长条沟。第一次追肥主要是尿素，可根据土壤肥力灵活掌握。施肥后及时浇水。尿素被施入沟内浇水后，在短期内尚不能完全彻底分散，而仍以较高浓度局限在撒施的地点附近。根据这一情况，在每次施肥浇水多天后，当土壤含水量由高变低至土壤较为干燥时，如果能再补充浇水一次，肥料的利用效果将会更好。

当葡萄形成主蔓后，开始追施复合肥，主要目的是促进主蔓的生长和花芽分化。在生长发育不良的地块，要多次追施复合肥，应根据不同的栽培目标灵活掌握。在小苗生长较差的地块，施肥次数应适当增加。复合肥的追肥时间一般可持续到 7 月中旬前后，南方地区可适当推迟。追肥延续的时间偏晚时，枝条老化会受到一定影响，影响安全越冬。当葡萄生长的后期，也就是生长速度开始放缓时，应追施钾肥，以硫酸钾为主。以促进枝条老化和安全越冬。在葡萄生长的后期，尿素等氮素肥料最好不要施用，过多施用氮素肥料会诱发徒长、影响枝条老化和安全越冬。

在葡萄根系中，能够有效吸收养分的是小的根毛，而非较粗的根。因此，要确保肥料施入根毛分布密集的地方。施肥沟与小苗的距离、施肥的深度是影响肥效的两个重要因素。应参考葡萄定植的深度、施肥沟至小苗的距离，并结合土壤的具体情况灵活掌握。将氮素施用到根系生长尖端分布的区域且略高于根系时较为理想，避免过多地断根。在开沟定植的地块，追肥次数应根据小苗生长的具体情况灵活掌握。目前，施肥上常见的问题很多，如施肥过于集中（如挖坑点施）、离根太近、施肥量过大、施肥过深、施肥后不及时浇水等，均不利于葡萄快速生长，甚至会造成植株死亡，应该加以改进。

在我国南方和北方，因生长期时间长短及降水量等的不同，全年的生长量存在很大的差异，南方生长量偏大，而北方生长量偏小。因此，南方的 4 主蔓整形当年可以很好地形成 4 条健壮的主蔓，而在北方有时却很难达到。同样道理，在北方常用的单干双臂整形，在南方如不对生长加以控制，两主蔓粗度很可能会超过 1.2 厘米，而严重影响第二年的发芽和结果。在生长的过程中，对幼苗的长势进行准确的判断，对于培养出粗度适中的主蔓，使第二年有个理想的产量，具有重要意义。而因树施肥、分类培育是当年管理的一项重要工作。生长势弱的树要增加施肥次数，通过精细管理加速生长。对生长过旺的树，要适当加以控制。

定植当年的主要任务是达到整形所确定的目标，即培养出要求的主蔓数，并使每主蔓尽可能达到要求的粗度。实践证明，主蔓当年生长粗度达到 0.8～1.2 厘米时，第二年春季发出的新梢的结果能力最强，花序发育良好。枝条过细或过粗时，发出的新梢，其上的花序少而小。如果当年生长不良，有的甚至不能达到干高要求的高度时，在冬季修剪时，需要从中下部对其进行平茬，第二年重新生长，这样就会耽误一年时间。为避免这样的现象产生，让苗木当年健壮生长、早日成形、早日丰产，要加强对定植苗当年的肥水管理。氮肥与钾肥易溶于水，可随水滴灌供应。而磷肥不易溶于水，可在苗木定植前施入田间。近年来，肥水一体化滴灌技术在各地被广泛采用，可大大提高定植苗生长速度，且可以节约成本，值得推广应用。

（四）立架引绑

葡萄藤比较柔软，需要靠架面支撑占据空间，维持空间营养面积。因此，葡萄苗木定植后，根据葡萄长势，要及时进行立架，维持葡萄后续生长所需要的空间。空间营养面积的大小及对空间营养面积的利用决定着葡萄产量及品质。葡萄在芽眼萌动后，要根据培养树形与架式及时引绑上架。引绑过早容易造成顶端优势明显，影响下部芽眼萌发，过晚则可能碰掉嫩芽，影响生长。

（五）反复摘心

主蔓第一次摘心后，保留的新梢继续向前生长。第二次摘心可保留 3～5 片叶进行，根据新梢生长势决定。一般生长势强的新梢每次摘心保留叶片数量偏少，但摘心次数适当增加，以限制其旺盛生长。主蔓第二次摘心后，已经 10 多片叶，要限制其继续快速生长，促进花芽分化、枝条老化。当主蔓叶片数达到 15 片叶左右时，主蔓直径当年基本可达到 0.8～1.2 厘米。在主蔓每个节位副梢保留一定叶片数量的情况下，达到上述粗度所需要的主蔓节位数量会适当减少。当进入缓慢生长期时，再次发出的副梢基本全部抹除。主蔓上的副梢对加速主蔓生长有促进作用。一般来说，主蔓上副梢越长，主蔓的增粗效果越明显，副梢着生节位的主蔓冬芽发育越不饱满。主蔓副梢的保留，也增加了工作量。在管理不够精细时，副梢上可能还会产生副梢，而严重影响主蔓冬芽的花芽分化。但是，如果将副梢全部去除，在操作不当时，有可能在主蔓上出现冬芽萌发的现象。冬芽一旦萌发，第二年产量会受到严重影响。

主蔓的摘心时机及方式应根据不同株距、不同栽培目的掌握。主蔓摘心时一定要慎重，摘心部位以下 3～4 节的副梢当天一般不做处理，其下副梢留 1 片叶绝后摘心。尤其是主蔓在水平生长的情况下，对其摘心处理时，由于摘心部位以下的第一副梢位置水平，极性生长放缓，下面副梢的抹除更应慎重。为保险起见，当主蔓副梢水平方向生长时，主蔓一般不进行摘心，只有当其生长到一定长度时，再作处理，以控制其无限的生长。在对主蔓摘心时，主蔓下部的副梢明显长于上部。在主蔓生长过长、没有来得及摘心时，往往会发现主蔓下部的副梢生长过长。对于主蔓上大叶片超过 1 个以上的副梢，可适当多保留叶片数量，在半大叶片处摘心处理，以防止冬芽萌发。当副梢上保留的叶片较多时，副梢上的二次副梢应及时全部抹除。

在主蔓留 7～8 片叶摘心的情况下，主蔓摘心的当天，主蔓上半部的副梢当天不能摘心处理，而对于下半部的 3～4 个副梢当天可进行摘心处理。在主蔓的上半部，除保留摘心部位以下最上部的那个副梢继续生长外，其他副梢一般在主蔓摘心4～5 天以后摘心处理。需要强调的是，主蔓摘心的当天，副梢不能一次性全部抹除，否则主蔓上有冬芽萌发的可能。

在葡萄定植当年，对主干摘心形成需要的主蔓数量。主蔓产生后，常采取向上直立生长和水平生长两种方式。向上直立生长时，上部极性较强，利于主蔓伸长；主蔓水平生长时，主蔓生长势更为缓和，但是主蔓上发出的副梢相对于直立生长，其生长势会更强，应注意及时加以抑制。水平生长的主蔓上副梢所留叶片数量多少应根据植株生长势和整形目标而定。在主蔓水平生长时，如果生长势较强时，为防止将来主蔓过粗而影响翌年结果，常采用保留副梢结果，这种方法多被用于结果性能较好的品种，而在红提等品种上采取这样的方式时，效果不很理想。一般而言，主蔓的冬芽翌年发出的新梢的结果性能要优于主蔓上的副梢。采取主蔓上副梢结果时，副梢的摘心方式可参考主蔓的摘心方式进行。

摘心的重要作用是调控好继续生长与控制生长的矛盾，如果生长得不到有效控制，营养生长不能往生殖生长转化，花芽分化就不会很好，将直接影响到翌年的产量。如果对植株生长过于抑制，有可能促使冬芽萌发，也应引起高度重视。因此，我们在生产管理上，要根据实际情况寻找出一种合理措施。

（六）合理修剪

冬季修剪时，枝条粗度达到 0.8～1.2 厘米时，其上发出的新梢其花芽分化较好、结果率高、果穗较大。因此，在对定植树当年肥水管理时，要适时对长势加以判断，对生长势偏弱的树，要及时追肥促进生长；对生长势较强的树，应适当控制肥水，有时也可临时增加主蔓数量以分散营养供应。对于临时增加的主蔓，冬季修剪时可疏除，这样可有效解决因肥水充足而造成主蔓超粗的问题。

第四章
葡萄整形修剪

葡萄为藤本植物，在生产条件下，为了获得一定的产量和优质果实以及栽培管理的方便，必须使葡萄生长在一定的支撑物上，并具有一定的树形，而且必须进行修剪以保持树形，调节生长和结果的关系，尽量利用和发挥品种的特性，以求达到丰产、稳产、优质的目的。

一、葡萄园主要架式

葡萄的架式、树形和品种选择三者密切相关。不同架式上都要求有适宜的品种和树形，而一定的树形必须选用适宜的品种。生产上可用的架式很多，下面选择生产上最常用的架式进行介绍。

（一）单篱架式

单篱架又称单立架，高度为 1.8～2.2 米，行内每隔 5 米左右设 1 立柱，行距 2～3 米，立柱上第一道铁丝距地面0.5～0.6 米，往上每隔 0.5 米拉 1 道铁丝，共拉 4 道铁丝，沿行向组成架面。南方多雨地区设避雨棚时，在立柱上加高 0.5 米，固定拱形避雨棚即可。

（二）双篱架式

双篱架又称双立架，是两个单立架并列组成的双行架面，其上设的立柱和铁丝的间距与单立架相同。双立架适宜长势较旺的品种和采用扇形或水平型树形。

（三）T（V）形架式

该架式是在高 2.2 米的单立架上加一个长 1 米左右的横梁，再用斜拉杆支撑和固定，横杆两端加拉 1～2 条铁丝组成架面。常见的 T 形架有两横梁结构和三角形结构两种类型。相邻两根立杆间的距离一般 6～8 米，也有 4 米的，立杆埋入地下 50～60 厘米。常见的干高一般为 80～100 厘米。此架式在我国目前使用较为广泛，适合绝大多数品种使用。其优点是形成明显的通风带、结果带和营养带。由于果穗下垂，一些田间操作如果穗喷药、整形、套袋等的操作较为方便，且果实着色较为均匀。新梢斜形生长，树势减缓，有利于花芽分化，随着新梢角度开张，花芽分化效果会逐渐改善。果穗生长在叶片下面，光照被叶片遮挡，可有效减轻果实日灼病的发生。此架式还可根据不同的需要，可灵活调节干高、新梢角度、行距大小。对于生长势旺盛的品种、花芽分化不良的品种、肥水条件较好的地块，可适当增加干高，促进新梢生长势缓和。当干高增加时，行

图 4-1　宽面 T 形架

距一般应适当加大。在北方一些埋土防寒地区，此架式埋土不太方便，一般使用较少。

二、葡萄生产常见树形及其培养

树形和架式之间虽然联系紧密，但并不是因果关系，同一种架式可以用不同的树形，同一个树形也能够应用到不同的架式上。葡萄生产上常见的树形主要有单干水平树形、独龙干树形、H 形树形等。

(一) 葡萄树形选择

1. 根据葡萄品种选择树形 不同葡萄品种因其植物和生物学特性不同，要求不同的树形和修剪方式。对于生长势旺盛、成花力弱的品种，如美人指、克瑞森无核等，适宜采用能够缓和树势、促进成花的树形，如独龙干树形、H 形树形或臂长超过 2 米的单干水平树形；对于生长势弱、成花容易的品种如京亚，适宜采用单干水平树形。对于生长势旺盛、同时成花容易的品种如夏黑、阳光玫瑰，采用什么树形，则根据田间管理的需要进行确定。

2. 根据气候条件选择树形 对于冬季最低温度低于−15 ℃、葡萄树越冬需要覆土防寒的地区，选择的树形必须能够覆土防寒，如鸭脖式独龙干树形、倾斜式单干水平树形。对于不需要埋土防寒、但生长季湿度较大、容易发生病害的地区，选择能够增加光照、通风透湿的树形则比较有利于葡萄树的生长，如高干单干水平树形、H 形树形等。

对于气候干旱高温、容易发生日灼的地区或品种，建议采用棚架独龙干树形，可以减轻危害。另外在春秋季容易发生霜冻危害的地区，使用干高超过 1.4 米的葡萄树形可以减轻危害。

3. 根据机械化程度选择树形 为了提高劳动效率、降低葡萄园的管理成本，机械化、自动化是今后葡萄园管理的发展方向，所以选择的树形必须有利于如打药、修剪、土壤管理机械的作业，因此在埋土防寒区建议采用倾斜式单干水平树形，在非埋土区采用单干水平树形。

（二）葡萄树形培养

1. 单干水平树形培养　单干水平树形，主要包括一个直立或倾斜的主干，主干顶部着生一个或两个结果臂，结果臂上着生结果枝组。包括单干单臂树形、单干双臂树形和倾斜式单干水平树形，其中单干单臂和单干双臂树形主要应用在非埋土防寒区，倾斜式单干水平树形主要应用在埋土防寒区。如果只有一个结果臂则为单干单臂树形（图4-2），两个结果臂则为单干双臂树形（图4-3）。如果主干倾斜则为倾斜式单干水平树形。该树形主要应用在单臂篱架、"十"字形架

图4-2　单干单臂树形

（包括双十字架、多十字架等）上，在非埋土防寒区也可以应用到水平棚架上（图4-4）。

（1）单干单臂树形培养。定植萌芽后，选2个健壮新梢，作为主干培养，新梢不摘心。当2个新梢长到50厘米后，只保留一个健壮新梢继续培养，该新梢可以插竹竿引缚生长，也可以采用吊蔓的方式引缚生长，当新梢长过第一道铁丝后，继续保持新梢直立生长，其上萌发的副梢，第一道铁丝30厘米以下的副梢全部采用单叶绝后处理，30厘米以上萌发的副梢，全部保留，这些副梢只引绑不摘心，其上萌发的二次副梢全部

图4-3 单干双臂树形　　图4-4 水平棚架上的单干双臂树形

单叶绝后处理，当定干线（第一道铁丝）上的蔓长达到60厘米以上时，将其顺葡萄行向引绑到定干线上，作为结果臂进行培养，当其生长到与邻近植株距离的1/2时进行第一次摘心，当其与邻近植株交接时进行第二次摘心，对于结果臂上生长的副梢全部保留，只管引绑到引绑线上（图4-5）。

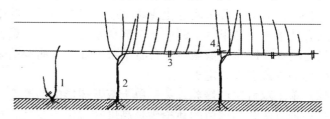

图4-5 单干水平树形定植当年的新梢选留和结果臂培养

1. 当新梢生长到50厘米以上时选留一个健壮生长的新梢　2. 当新梢生长超过定干线60厘米以上后将其引绑到定干线上，作为结果臂培养　3. 当结果臂生长到与邻近植株距离的1/2时进行第一次摘心　4. 当结果臂与邻近植株交接时进行第二次摘心

冬季修剪时，如果结果臂上生长的枝条分布均匀（每隔10～15厘米有一个枝条），并且每个枝条的都成熟老化（枝条下部成熟老化即可），并且粗度都超过0.5厘米，结果臂在成

熟老化的 0.8 厘米处剪截，结果臂上生长的枝条全部留 2 个饱满芽剪截（图 4-6）。

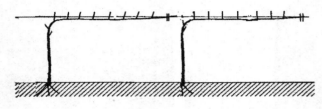

图 4-6　单干水平树形定植当年结果臂老化成熟
（其上的枝条分布均匀并老化成熟粗度超过 0.5 厘米的冬季修剪）

　　如果结果臂仅在靠近主干的基部生长有成熟老化的枝条，中部和前端没有生长枝条或生长的枝条未能老化成熟，或者结果臂基部和前端生长有老化成熟的枝条，中部没有生长枝条，都采用结果臂在成熟老化的 0.8 厘米处剪截，结果臂上基部生长的枝条留 2 个饱满芽剪截，前端的枝条全部疏除。如果结果臂上生长的枝条大部分未能老化成熟，或者仅在结果臂的中前部生长有枝条，则结果臂上的枝条全部从基部疏除，结果臂在成熟老化的 0.8 厘米处剪截，并且将结果臂在春季萌芽前采用弓形引绑的方式引绑到定干线上。

　　（2）单干双臂树形培养。关于单干双臂树形的培养有两种方法。一种方法是当选留的新梢生长高度超过定干线后，在定干线下 15 厘米左右的位置进行摘心，然后在定干线下部选留 3 个新梢继续培养，当新梢生长到 60 厘米后，再选留两个新梢反方向弓形引绑到定干线上，沿定干线生长，其上的副梢全部保留，向上引缚生长，副梢上萌发的二次副梢全部单芽绝后处理。以后的树形培养与单干单臂树形基本相同，只不过把单干换成双臂（图 4-7）。另外一种方法与单干单臂树形的培养类似，先培养成单臂，然后再在定干线下选一个枝条，冬季反方向引绑到定干线上，翌年其上的萌发的新梢每隔 10～15 厘

米保留一个，培养成结果母枝。至此树形培养结束。该方法也
适用于单干单臂或双臂结果臂的更新（图 4 - 8）。

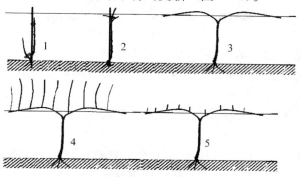

图 4 - 7 单干双臂树形培养过程

1. 选留主干 2. 主干摘心保留 3 个副梢 3. 选留两个副梢反
方向弓形引绑到定干线上，培养成结果臂 4. 结果臂上的副梢全
部保留 5. 冬季留 1～2 个芽进行短截

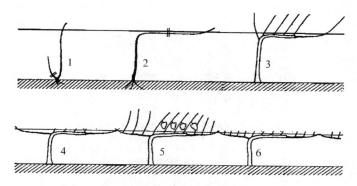

图 4 - 8 先培养单干单臂再培养成双臂的单干双臂树形培养

1. 选留主干 2. 单臂培养 3. 保留单臂上的所有副梢，培养成结果
母枝 4. 冬季主干上选留一个枝条反方向弓形引绑到定干线上，结果臂上
的枝条留两个芽进行短截 5. 新培养的结果臂上每隔 10～15 厘米选留一
个新梢，培养成结果母枝，原有结果臂选留新梢结果 6. 第二年冬季所有
结果母枝留 2 个芽短截

（3）倾斜式单干水平树形的培养。该树形与单干单臂树形的培养极为相似，区别在于，定植时所有苗木均采用顺行向倾斜 20°～30°定植，选留的新梢也按照与苗木定植时相同的角度和方向，向定干线上培养，当到达定干线后，不摘心，继续沿定干线向前培养，此后的培养方法与单干单臂完全相同；如果在埋土防寒区，以后每年春季出土上架时都要按照第一年培养的方向和角度引绑到架面上。

2. 独龙干树形培养　独龙干树形适用各种类型的棚架（图 4-9）。每株树即为一条龙干，长 3.0～6.0 米，主蔓上着生结果枝组，结果枝组多采用单枝更新修剪或单双枝混合修剪。如果一棵树留两个主蔓，则为双龙干树形。独龙干树形为我国北方埋土防寒栽培区常见的树形，主要用于棚架栽培，树长 4～6 米，结果枝组直接着生在主干上，每年冬季结果枝组采用单双枝修剪。现以埋土防寒区独龙干树形的培养为例进行具体介绍。

图 4-9　冬剪后的棚架独龙干树形

埋土防寒区葡萄苗木定植的位置应离葡萄架根立柱 80 厘米左右，以便于独龙干树形鸭脖的培养，非埋土防寒区则应与立柱在一条直线上，以便于田间机械作业。定植萌芽后，首先选择两个生长健壮的新梢，引缚向上生长，当两个新梢基部生长牢固后，选留一个健壮新梢（作为龙干）引绑其沿着架面向上生长，对于其上的副梢，第一道铁丝以下的全部"单叶绝后"处理，第一道铁丝以上的副梢每隔10～15厘米保留一个，这些副梢交替引绑到龙干两侧生长，充分利用空间，对于副梢上萌发的二级副梢全部进行单叶绝后处理，整个生长季龙干上的副梢都采用这种方法，任龙干向前生长。冬天在龙干粗度为0.8厘米的成熟老化处剪截，龙干上着生的枝条则留2个饱满芽进行剪截，作为翌年的结果母枝（图4-10）。

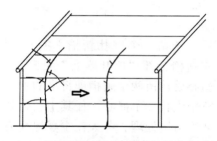

图4-10 定植后第一年的树形培养和冬季修剪

如果龙干上着生的枝条出现上强下弱（即龙干前端的枝条着生均匀，并且成熟老化，而龙干下部没有着生枝条，或着生的枝条分布不合理，或生长细弱，不能老化成熟），为了保证树体生长均衡，将来的结果枝组分布合理，则将龙干上着生的所有枝条从基部疏除，但也不能紧贴主干疏除，而应留出一段距离，以免伤害到主干上的冬芽。

对于冬季需要埋土防寒的地区，葡萄树应在土壤上冻前修剪完成，并埋入土中。对处于埋土防寒边界的地区（冬季最低温度偶尔会达到-12℃的地区），或冬季容易出现大风干旱的地区，我们建议第一年生长的幼树，最好也进行埋土防寒保护。对于非埋土防寒的地区，冬剪最好放在树液出现伤流前的

1 个月左右，错过冬季最寒冷和大风干旱的时期。

3. H 形树形培养 H 形树形，由 1 个直立的主干和两个相对生长的主蔓，每个主蔓分别相对着生两个结果臂，臂上着生结果枝组（图 4 - 11）。H 形树形在我国南方葡萄产区较为常见，适宜水平式棚架，株行距（4.0～6.0）米×（4.0～6.0）米。

图 4 - 11　冬剪后的 H 形树形

定植萌芽后，选留一个健壮新梢不摘心，引缚其向上生长，对于其上的副梢全部"单叶绝后"处理，当其离棚顶 20 厘米时摘心，摘心后选留两个副梢即将来的主蔓，反方向引绑向行间生长，整个生长季不摘心，任其生长，其上萌发的二级副梢全部"单叶绝后"处理。冬天在主蔓粗度为 0.8 厘米的成熟老化处剪截，如果主蔓粗度达不到 0.8 厘米，则留 2～3 个饱满芽剪截。

第二年春季萌芽后，从两个主蔓剪口各选一个健壮的新梢作为延长头继续向前培养，其上的副梢全部"单叶绝后"处理，当延长头达到行距的 1/3 时进行摘心，摘心后选留两个副梢分别与主蔓垂直反方向引绑其生长，培养成结果臂，其上的副梢全部保留，每隔 10～15 厘米选留一个，交替引绑到两侧。对于主蔓剪口以下萌发的新梢，每隔 25 厘米保留一个用于结果。冬季在结果臂粗度 0.7 厘米老化成熟处剪截，其上的枝条留 2 个饱满芽短截。

第三年春季萌芽后，结果臂上结果母枝萌发的新梢根据空间大小选留 1～2 个，保留花序进行结果。如果结果臂未能与邻近植株的结果臂交接，则选留顶端的一个健壮新梢继续向前培养，不摘心，达到交接时摘心，其上的副梢每隔 10～15 厘米保留一个，交替引绑到两侧，培养成结果枝组。冬季结果枝组均采用单枝更新修剪，树形至此培养结束。

三、葡萄树形管理

当葡萄树形培养成后，整形修剪的工作重点就要放到葡萄树形的维持、营养生长和生殖生长调控等方面，尽量延长葡萄树的结果年限、保证葡萄园的稳产、丰产和优质。

（一）葡萄物候期

葡萄树的整形修剪通常是按葡萄树所处的物候期进行操作，因此从事葡萄生产和管理的人员必须能够准确判定出葡萄树所处的物候期，从而对果园的管理有的放矢。葡萄树物候期判断可以参照表 4-1。

表 4-1　物候期描述

序号	物候期	状态描述
1	休眠期	主芽处于冬季休眠状态，外被褐色鳞片
2	伤流期	春季枝条伤口流出树液
3	绒球期	芽眼鳞片开裂，露出褐色茸毛
4	萌芽期	幼叶从茸毛中露出
5	叶片显露期	丛状幼叶从茸毛中长出，基部仍可看到少量鳞片和茸毛
6	展叶期	新梢清晰可见，第一片幼叶完全展开
7	花序显露期	梢尖可见花序
8	新梢快速生长期	新梢第三个叶片完全展开到花序上的小分枝展开
9	花序分离期	花序伸长，小分枝展开，但花朵仍为丛状
10	花朵分离期	花序外形达到其典型形状，花朵各个分离

（续）

序号	物候期	状态描述
11	始花期	花序上有少量花朵开放
12	盛花期	花序上 80％以上的花朵开放
13	谢花期	花序上 80％花朵上的花药干枯脱落
14	坐果期	花序上的花朵发育成幼果，但部分幼果上还残留有干枯的花药
15	生理落果期	用手轻弹果穗，有少量幼果开始脱落
16	幼果期	果实不再脱落，开始生长
17	果实膨大期	果实迅速生长，并表现出该品种的某些果实特征
18	封穗期	果穗拥有完整的形状，果粒之间相互接触
19	转色期	有色品种少量果粒开始着生，无色品种少量果粒开始变软
20	果实采摘期	果实表现出该品种应有的风味，开始采摘、食用
21	枝条成熟期	枝条颜色变成红褐色，木质化
22	落叶期	叶片变黄，开始脱落

（二）生长季树形管理

1. 萌芽前的树体管理

（1）架材修整和树体引绑。非埋土防寒区，首先要对葡萄园的葡萄架进行修整，将倾斜弯倒的立柱重新扶正，折断的立柱和横梁进行更换，松弛的架材拉线重新拉紧固定。然后将葡萄根据冬剪时的目的进行引绑，最后就是对葡萄树进行复剪，确定最终的留枝量和留芽量。埋土防寒区，则在野山杏开花前，将葡萄架的修整工作结束，当山杏开花后及时将葡萄树出土上架，并进行复剪，确定出最终的留枝量和留芽量。

（2）刻芽。对于葡萄树延长头，或需要萌发新枝的地方，可以在葡萄伤流前，芽眼的上方 0.5～1 厘米的地方，用刀切至木质部。目的是将枝干运输的养分聚集到芽眼，促使所刻芽眼萌发，长成新的枝条。过去刻芽多使用嫁接刀，现在有专用的刻芽剪。

2. 萌芽后的管理

（1）抹芽定梢。葡萄早春萌芽时，除了保留结果母枝的芽眼会萌发外，主干、主蔓、结果臂和结果母枝基部的隐芽也会大量的萌发，如果有生长空间则一定要保留，以便于树形的矫正和更新，对于没有生长空间的则应在叶片显露期以前尽早抹除。

结果母枝上的芽眼，除了主芽萌发外，大量的侧芽也会萌发，一个芽眼往往会长出 1～3 个新梢，为了使架面上的新梢分布均匀合理，营养集中供给留下的新梢，从而促进枝条和花序的生长发育，须及时进行抹芽与定梢，抹芽定梢分两次进行，第一次在叶片显露期到展叶期，新梢长度 3～5 厘米时进行，抹去结果母枝和预备枝上单芽双枝或单芽三枝中的极弱枝，保留 1～2 个生长势旺盛的新梢。如果单眼双枝中的两个新梢生长势相当，则可以都保留下来等到第二次抹芽定枝时再决定；对于单眼三枝，至少要去除一个新梢，最多保留两个新梢。

第二次抹芽定梢在花序显露期，新梢长度 10～20 厘米时进行，首先是芽眼定梢，每个芽眼只能保留一个新梢，除非该芽眼周围有极大的生长空间，不会影响到其他新梢的生长。保留的新梢尽量为带有花序的结果枝。其次是结果母枝定梢，采用单枝更新的结果枝组，首先在结果母枝基部选一健壮新梢，带不带花序均可，作为来年的更新枝，然后再选留 1 个带花壮枝，用于结果，对于生长空间有限的结果母枝，可以只保留一个靠近基部带有花序的新梢，当年的结果枝又是翌年的结果母枝，结果和更新二合一。采用双枝更新的结果枝组，抹去上位枝上的无花序枝，保留 2～3 个带花的壮枝，下位枝上尽量选留两个靠近基部的带花壮枝，如果带花的新梢都偏上，则在基部选留一个无花壮梢，在上部选一个带花新梢。目前葡萄生产上为了降低劳动强度，提高劳动效率，普遍使用单枝更新，以便于机械修剪和工人掌握。

抹芽定梢要依树势、架面新梢稀密程度、架面部位来定。弱树多疏，强旺树少疏。多疏枝则减轻果实负载量，利于恢复树势。少疏枝则多挂果，以果压树，削弱树势，以达到生长与结果的平衡。对架面枝条要密处多疏，稀处少疏，下部架面多疏，有利于下部架面通风透光。上部架面少疏，利于架面光合截留。同时，还要疏除无用的细弱枝、花穗瘦小的结果枝、下垂枝、病虫枝、徒长枝等。参考标准为：大果穗的葡萄品种（单个果穗重量超过 1 000 克），棚架独龙干树形，每米主蔓上留 8 个左右新梢，篱架单干水平树形每米结果臂上留 8 个左右新梢；中等果穗的葡萄品种（单个果穗重量超过 750 克），棚架独龙干树形，每米主蔓上留 9 个左右新梢，篱架单干水平树形每米结果臂上留 9 个左右新梢；小果穗的葡萄品种，棚架独龙干树形，每米主蔓上留 10 个左右新梢，篱架单干水平树形每米结果臂上留 10 个左右新梢。

对于生长期长、高温多湿区、病害发生重的地区，适当少留梢；对于无霜期短、气候干燥、光照充足、病害轻的地区，可适当多留枝。各地葡萄种植者应结合实际情况灵活运用。

（2）新梢摘心及副梢处理。当新梢长度超过 40 厘米以后，新梢叶柄基部的夏芽由下向上依次萌发形成副梢。新梢摘心和副梢处理可以暂时抑制新梢营养生长，增加枝条粗度，促进花芽分化和枝条木质化的作用。尤其是对带有花序的结果枝在开花前后进行摘心，具有促进花序生长发育和提高坐果率的作用。新梢摘心和副梢抹除最好使用疏果剪进行剪截，而避免用手进行折断。

对于落花落果严重、冬芽不易萌发的葡萄品种，如巨峰、京亚、夏黑等，应在开花前 3～5 天，花序上留 4～6 片叶进行摘心，在进行摘心的同时将结果枝上所有的副梢从基部直接抹掉。摘心后再萌发的副梢，除了保留顶端的一个副梢外，其余的全部从基部抹除；顶端副梢生长超过架面后，再根据田间管理需要进行修枝。

对于坐果率高、冬芽易萌发的品种，如美人指、红地球等品种，新梢不用摘心，只管引绑，其上的副梢，花序以下的副梢直接抹除，花序以上的采用单叶绝后处理。只有当新梢长度超过架面生长空间后再进行摘心，摘心只保留顶端的一个副梢任其生长，其他副梢采用单叶绝后处理。

另外需要说明的是，如果在花朵分离期花序上部第一个节间的长度已经超过 12 厘米，说明新梢已经严重徒长，为控制新梢生长，促进花序和花朵发育，不管什么品种都应在开花前进行摘心，结果枝上的副梢全部采用单芽绝后处理。摘心后萌发的副梢，除了保留顶端的一个副梢外，其余的全部单叶绝后处理；顶端副梢长到 8～10 片叶时再次摘心，顶端副梢上萌发的二次副梢依次从基部抹除，这次摘心后萌发的三级副梢生长超过架面后，根据田间管理需要进行剪梢处理。

对于冬芽不易萌发的品种，如京亚、巨峰、夏黑等，为了促进基部花芽分化，可以在开花前 3～5 天，与结果枝同一时间进行摘心，同时将副梢全部抹除。摘心后萌发的副梢，选留前端的一个引缚生长，其上的二级副梢从基部抹除，当其生长超过架面 50 厘米后，再进行第二次摘心，摘心后保留顶端的一个副梢任其生长，进入秋季后从基部剪除。

对于生长势强、冬芽易萌发的品种，如美人指、克瑞森无核等，新梢不用摘心，其上的副梢全部进行单叶绝后处理。当其生长超过架面 50 厘米后，再进行摘心，同样摘心后只保留顶端的一个副梢任其生长，进入秋季后从基部剪除。

（3）葡萄新梢引绑。葡萄引绑主要使新梢均匀分布在架面上，构成合理的叶幕层，以利于通风透光，减少病虫害的发生。一般在新梢长到 60 厘米以后，超过第二道铁丝（第一道引绑线）20厘米后，再进行引绑，以避免新梢过于幼嫩，而被折断。

新梢引绑主要有倾斜式引绑、垂直引绑和水平引绑、弓形引绑及吊枝等方法。倾斜式引绑适用于各种架式，多用于引绑生长势中庸的新梢，以使新梢长势继续保持中庸，发育充实，提高坐果率及花芽分化。生产上采用双十字架或十字形架的葡萄树，其新梢自然成为倾斜式引绑，从行向正面看树形呈 V 形或 Y 形，所以生产上也将双十字架和十字形架称为 V 形架或 Y 形架。垂直式引绑、水平式引绑多用于单臂篱架或棚架，垂直式引绑主要用于延长枝和细弱新梢，利用极性促进枝条生长；水平式引绑多用在旺梢上，用来削弱新梢的生长势，控制其旺长；弓形引绑以花序或第五至六片为最高点将新梢前端向下弯曲引绑，用于削弱直立强旺新梢的生长势，促进枝条充实，较好地形成花序，提高坐果率。吊枝多在新梢尚未达到铁丝位置时用引绑材料将新梢顶端拴住，吊绑在上部的铁丝上。对春风较大的地区，尽量少用吊枝，因为新梢被吊住后，反而更容易被风从基部刮掉。

总之，通过抹芽、定梢和新梢引绑，应使整个架面上的每个新梢都有充分生长的空间，同时又不会造成架面的浪费。

新梢引绑的材料在过去主要使用尼龙绳、毛线、稻草、玉米苞叶等，现在葡萄生产上的引绑材料除了尼龙绳外，广泛使用的是覆膜扎丝和覆纸扎丝。新梢引绑的方法，过去使用尼龙绳，现在则多使用葡萄扎丝按照图 4-12 的方式进行引绑。

图 4-12　使用扎丝的一种新梢绑法

（4）除卷须。卷须不仅消耗养分，并且到处缠绕，严重影响葡萄绑蔓、副梢处理等作业，应在田间管理时，只要发现随时用剪刀去除。

（5）控旺梢。当葡萄进入花朵分离期后，如果花序上第一节的长度超过12厘米，说明新梢生长过旺，可于花前2～3天至见花时，使用500～750毫克/升的甲哌鎓整株喷施可显著延缓新梢生长，如果和新梢摘心配合使用可以显著提高坐果率。如果使用多效唑和矮壮素，一般应在新梢长出6～7片叶时进行喷施。

葡萄套袋结束后，我国逐渐进入雨季，葡萄植株会再次进入旺盛生长期，为了控制新梢生长可以再次使用生长抑制剂如甲哌鎓、矮壮素等，并配合摘心和副梢处理（参照前面的新梢摘心和副梢处理内容）。

（6）环割和环剥。对生长强旺的结果枝进行环割或环剥。暂时中断伤口上部叶片的碳水化合物及生长素向下输送，使营养物质集中供给伤口上部的枝、叶、花穗器官生长发育，可以促进花芽形成，提高坐果率，增大果粒，增进果实着色，提高含糖量，提早成熟期。

环割、环剥根据不同目的选用不同时期进行操作。为了提高坐果率，促进花器发育，应在开花前1周内进行。为了提高糖度，促进着色和成熟，应在果实转色期进行为宜。环割、环剥一般在结果枝或结果母枝上进行效果好。环割和环剥的位置，应在花穗以下部位节间内进行。环割时，用小刀或环割器在结果枝上割3圈，深达木质部，环割的间距在3厘米左右，此法操作简单、省工。而环剥主要用环剥器或小刀，在结果枝上环刻，深达木质部，环剥的程度依结果枝的粗度而定，枝粗则宽剥，枝细则窄剥，一般宽度在2～6毫米。总体而言环剥的宽度不能超过结果枝粗度的1/4，然后，将皮剥干净。环剥后为防止雨水淋湿伤口，引起溃烂，最好涂抹抗菌剂消毒伤口，用黑色塑料薄膜包扎伤口。由于环剥阻碍了养分向根部输送，对植株根系生长起到抑制作用。过量环剥，易引起树势衰弱，因此在生产上要慎重应用。

（7）除老叶、剪嫩梢。对于部分中晚熟葡萄品种，当葡萄果实进入转色期以后，新梢基部的部分老叶开始变黄，失去光合作用的能力，开始消耗树体内的营养物质，这些老叶应及时去除。有时生产上为促进葡萄果实上色，在未套袋葡萄果实开始转色或套袋果实摘袋后，去除果实附近遮挡果实的2～3片叶，以增加光照，促进果实上色。

北方地区8月中旬以后抽生的嫩梢，秋后不能成熟，并易引发霜霉病，应对其进行摘心处理，控制其延长生长。利于促进枝条成熟，减少树体内养分消耗。

（三）休眠季树形管理

进入秋季，随着葡萄采收工作的逐渐结束，外界气温逐渐降低，葡萄植株生长开始减弱，茎秆变为褐色，冬芽上也覆上了一层茸毛，植株逐渐进入了休眠状态。也预示着葡萄树的冬剪工作即将展开。对于树形培养结束的成龄树主要是维持已培养成了的树形、调节树体各部分之间的平衡，使架面枝蔓分布均匀，防止结果部位外移，保持连年丰产稳产。

1. 葡萄树冬剪的时期和伤口保护　葡萄树修剪的时期应在葡萄落叶后15天至翌年春季伤流期前1个月为宜。埋土防寒地区的冬剪在霜降前后开始，土壤封冻前必须完成修剪并埋入土中，对于时间比较紧迫的地区，在埋土前先进行简单的初剪，翌年出土后再进行一次复剪；不埋土防寒地区则应到树体进入深眠后修剪为好。通常修剪的时期越晚，翌年葡萄树萌芽也会越晚，春季容易发生霜冻危害的地区，可以通过晚剪，推迟葡萄萌芽，来躲避霜冻危害，但新梢生长相对偏弱。另外修剪用的剪和锯要锋利，使剪口、锯口光滑，以利于愈合，对于比较大的伤口，还应涂抹保护剂进行保护，可以使用50～100倍液的克菌丹涂抹伤口。疏去一年生枝时应接近基部操作，疏大枝应保留1～2厘米的短橛，以避免伤口过大，造成附近失水抽干。

2. 结果母枝的选留和剪截

（1）留枝量和留芽量的确定。修剪前应根据计划产量及该品种的结果枝率和萌芽率，计算出留枝量。通常亩产量为1 500千克左右的葡萄园，约需要留2 500个果穗，3 000个新梢，1 500个结果母枝，架面上每米长的结果部位留6个左右结果母枝，每个结果母枝留2个饱满芽。

另外，对于容易发生冻害的地区葡萄冬剪时应多留出10%的结果母枝作为预备枝，以弥补埋土、上下架、冻害等造成的损失。

（2）结果母枝的修剪方法。对于树形培养结束的葡萄园，葡萄树的修剪其实就是结果母枝的修剪。常用的修剪方法主要有两种，单枝更新和双枝更新。双枝更新修剪法主要是选留同一结果枝组基部相近的两个枝为一组，下部枝条留2～3个芽短截，作为预备枝，上部枝条留3～5个芽剪截。该修剪方法适用于各种品种。通常要求结果母枝之间有较大的间距空间，供翌年的新梢生长。该修剪方法在葡萄生产上已逐渐淘汰。

单枝更新修剪法是在冬剪时将结果母枝回缩到最下位的一个枝，并将该枝条剪留2～3个芽作为下一年的结果母枝。这个短梢枝，既是翌年的结果母枝，又是翌年的更新枝，结果与更新合为一体。

近年来，随着葡萄园用工成本的迅速增加，机械修剪和省工修剪成为主流，双枝更新在葡萄树修剪上的使用逐年减少，单枝更新修剪成为主流。对于花芽分化节位低的品种如京亚、巨峰、夏黑、户太8号等，留基部2个芽短截，每米长架面保留6～8个结果母枝。对于结果部位偏高的品种如红地球，留

3～4个芽短截，每米长架面保留6～8个结果母枝。采用该修剪方法的葡萄园，应当严格控制新梢旺长，促进基部花芽分化，提高基部芽眼萌发的结果枝率。

需要注意的是，人工修剪的葡萄园在对每棵葡萄树进行修剪前，首先应当剪除那些未成熟老化的枝条，其次是带有严重病害或虫害的枝条，最后才是结果母枝的选留和剪截。对于机械修剪的葡萄园，当机械修剪过后，还应进行人工复剪。

3. 结果枝组的更新　随着树龄的增加，结果部位会逐年外移，当架面已经不能满足新梢正常生长的时候，就要对结果枝组进行更新。

（1）选留新枝法。葡萄主蔓或结果枝组基部每年都会有少数隐芽萌发形成的新梢，对于这些新梢要重点培养，使其发育充实，冬季留2个饱满芽进行短截，培养成结果母枝，原有结果枝组从基部疏除，翌年春季结果母枝萌发出的2～3新梢进行重点培养，即成为新的结果枝组。

（2）极重短截法。在结果枝组基部留1～2个瘪芽进行极重短截，翌年春季这些瘪芽有可能萌发出新梢，然后在这些新梢中选留出1～2个生长健壮的新梢重点培养，翌年冬季选留靠近基部的1个充分老化成熟的枝条作为结果母枝，留2～3饱满芽进行短截，即成为新的结果枝组。对于个别严重外移的结果枝组可以单独使用上述两种方法中的一种，如果大部分结果枝组都严重外移的葡萄树可以参照问题树形矫正的内容。

4. 问题树形的矫正

（1）中部光秃树形的矫正。对于中部光秃的葡萄树，冬季将光秃带邻近枝组上的枝条留6～10个芽进行长梢修剪，弓形引缚到光秃的空间，如果后部有枝就向前引绑，如果后部无枝也可选前部枝向后引绑，当抽生的新梢长达30厘米以上时，把弓形部位放平绑好。

（2）下部光秃树形的矫正。对于下部光秃的葡萄树，可将光秃部位前面的枝条采用中、长梢修剪后，弓形引绑到下部光秃部位，以弥补枝条。对于中下部光秃严重的树形，如果两侧有较大的空间，独龙干树形和倾斜式单干单臂树形可将主蔓或主干的下部折叠压入土中促其生根，上部延长头向前长放，布满架面即可；也可以在主蔓的下部选择有一个有隐芽的部位，春季萌芽前在隐芽的上部进行环剥，刺激隐芽萌发形成新梢，对该新梢重点培养，冬季该新梢留6～8个芽进行长梢修剪，翌年其上会有大量新梢萌发，这些新梢按照结果母枝进行培养，冬季留2个芽进行短截，当然如果继续培养该侧蔓，取代原来的主蔓也可以。

（3）结果母枝严重外移的葡萄树形矫正。随着葡萄树龄的增加，结果母枝的位置会缓慢地向外移动，直到架面的生长空间不能满足大部分新梢生长需要，这时就要对葡萄树进行一次大的更新。单干水平树形可以在结果臂基部重回缩，刺激萌发新枝，选留1～2个位置合适的新梢按照前面介绍的树形培养的内容重新培养。也可以选留靠近主干的一个结果母枝，冬季进行长梢修剪，弓形引绑到定干线上，原有的结果臂在靠近结果母枝的部位剪截掉，按照前面介绍树形培养的内容重新培养。对于独龙干树形可以参照中部光秃树形矫正的内容，在下部培养新蔓，当新蔓可以取代老蔓时，回缩到新蔓处。

第五章
葡萄年生育周期土水肥管理

　　土壤是葡萄树赖以生长发育的基地，它可以满足根系生长对水、肥、气、热等的需要。而土壤管理的方法、土壤管理水平的高低与土壤养分含量和养分供应密切相关，从而影响葡萄树体的生长和结果；土壤中有毒害物质影响果实的食用安全性。所以，良好的土壤管理是进行优质葡萄生产的前提，也是保护环境、实现可持续发展的基础。

一、土壤改良

　　土壤改良是葡萄乃至整个农业生产中永恒的任务。我国果园土壤有机质在 1% 左右，处于偏低水平，改良土壤的一个重要工作就是提高土壤有机质。提高土壤有机质是提高土壤营养元素水平的起点与维持较高营养元素供应水平的有效措施。土壤有机质含量增加，能够改善土壤理化性状和微生物群落结构，对营养元素的活化也起重要作用。目前，提高土壤有机质的方法主要有施用有机肥和种植绿肥。

（一）有机肥改良土壤

　　有机肥对于土壤改良的作用主要体现在以下 3 个方面：一是有机肥中所含的强碱弱酸盐能够平衡土壤的 pH，使土壤趋于中性，而大部分营养元素的有效态在中性土壤中含量最高，从而增加营养元素的有效态含量；二是有机肥中所含的纤维素、淀粉、蛋白质、脂肪等大分子有机物被微生物利用，代谢产物中含有大量的氨基酸、醌类物质和多元酚类物质，这些代谢产物缩合形成土壤团粒结构的基本单元——腐殖质，土壤团粒由于其特殊结构，孔隙度增加，透气性增强，使得土壤的保水保肥能力显著增强，有利于根系生长；三是有机肥的降解过程是土壤微生物丰富的过程，增加微生物多样性，降低土传病害的传播率，同时也能够一定程度促进营养元素的吸收。

（二）基肥施用存在问题

基肥是果树生长所需养分的重要来源，基肥施用是否合理直接影响树体生长和果实品质形成。目前，我国葡萄乃至整个果树生产中，基肥以农家肥为主，但养殖业规模化发展以后，畜禽粪便中存在很多问题。大量的抗生素、重金属、强碱性的消毒剂掺杂在畜禽粪便中，为果树生产和土壤环境带来了潜在威胁。2016 年，国家质检总局和国家标准委员会联合批准发布了《有机肥料中土霉素、四环素、金霉素与强力霉素的含量测定（高效液相色谱法）》，该标准是我国首次发布肥料中抗生素残留检测方法，为限制畜禽粪便滥用提供了依据。而鸡粪、猪粪等粪便由于价格低廉，在果园中应用最为广泛，但这两种粪便中抗生素含量也最高，对果树生产和土壤环境的威胁也最大，如果应用时不加以改进，将逐渐被淘汰。应用最多的畜禽粪便还包括牛粪和羊粪，但畜禽粪便都存在用量大、劳动强度高的问题。如何合理地施用基肥，是葡萄园生产过程面临的重要问题。合理施用有机肥，主要从合理的时间、合理的肥料种类、合理的施用方法等几方面考虑。

1. 合理的时间 在我国北方地区，葡萄根系有两个快速生长高峰期，即：春季 3 月中旬至 5 月下旬、秋季 9 月上中旬至 10 月上旬。这两个时期正是葡萄园施基肥的最佳时期。而编者认为葡萄园基肥必须秋天施用，主要原因如下。

（1）秋季果实采收后，树体需要大量的营养补充，尤其是中微量元素，而有机肥中含有大量的中微量元素，可最大限度满足树体需要。

（2）秋季施基肥断根后，由于地上部还有大量叶片可以进行光合作用，回流到根系有助于快速恢复。

（3）10 月以后地上部由快速生长阶段转入营养回流阶段，营养回流到根系，为第二年更好生长作准备。9 月施基肥，10 月根系基本恢复并大量生长，正好可以接收地上部回流下来的营养。

（4）春季地面化冻以后，树体随之萌动，地上部萌芽会消耗大量的营养，此时由于没有叶片进行光合作用，所以营养供给基本依靠上一年秋季根系储备的营养，此时施基肥，必定会断根，断掉的根系营养大量流失，同时根系还要消耗大量营养来恢复，这样就形成了地上部需要营养，地下部也需要营养，地上部和地下部争夺营养，直观表现是树体萌芽不整齐，影响树体开花、坐果，甚至会影响树体整年的生长。

综上所述，合理的时间即秋天施用，9 月施用最好，越早越好，不要晚于 10 月中旬，切忌冬季、春季施基肥。

2. 合理的肥料种类　畜禽粪便由于其存在的很多问题，尤其是劳动成本高的问题，不适宜在现代果园中应用。在不考虑劳动成本的情况下，可以选用畜禽粪便作基肥应用，但是应用前要充分腐熟发酵，且要对其 pH 进行检测，pH 大于 8 的不能应用，否则会影响果树正常生长。

现代园区中，建议选用商品化的有机肥。商品化的有机肥一般都经过无害化处理，且养分含量比农家肥要高很多，在以羊粪为原料制作有机肥时，一般 4～5 米³ 干羊粪能够制作 1 吨商品化肥料。近年来，生物有机肥在生产中应用也越来越广泛，其具有用量小、见效快的优点，但是效果不稳定，主要是由于生物有机肥所含的生物菌对于土壤来说为外来菌种，土壤条件不同，菌的适应性不同，如果菌种能够快速适应当地土壤，就能够快速发挥生物菌的作用，但是如果不能快速适应土壤，菌种死亡，生物有机肥的作用就会大打折扣。研究认为，含有 5％以上氨基酸或蛋白质的生物有机肥能够稳定发挥作用。因为即便生物有机肥中所含的生物菌不能快速适应当地土壤，肥料自身所含的氨基酸或蛋白质也能够保证其存活下来，适应当地土壤环境，进而发挥作用。建议在选择生物有机肥时，尽可能选择含有氨基酸或蛋白质的肥料品种，但是生物有机肥的生产标准中没有规定氨基酸或蛋白质的含量，选择生物有机肥时尽可能到信得过的企业或单位购买。

3. 合理的施用方法　如果选用农家肥，建议在树冠投影边缘开 40 厘米深的条状沟，每亩用量 5 方以上。在缺水地区，可用穴施。如果选用商品化的有机肥或生物有机肥，建议撒施旋耕，有机肥建议亩用量 1 吨以上，生物有机肥建议每亩用量 150～700 千克，根据营养含量不同，施用的量不同。

（三）绿肥应用前景

果园套种绿肥能够补充土壤有机质，笔者研究表明，葡萄园套种毛叶苕子，每年地上部鲜草量 2.5～3 吨，秸秆腐烂到土壤里，相当于每年为葡萄园补充 1 吨以上的优质有机肥，且能够改良土壤理化性状（表 5-1），改善微生物群落结构，改善果园环境，抑制杂草，节省大量的劳动成本，在欧美、日本等国家已经广泛应用，但在我国应用很少。美国果树生产中很少用畜禽粪便来作有机肥，应用最多的是植物性有机肥，如绿肥、秸秆等。秸秆还田在我国粮田中应用较为广泛，但在果园中应用相对困难，在果树定植时有少量应用。近年来，随着人工成本的增加和规模化果园的发展，绿肥由于其能够节省大量的人力成本，在我国规模化果园中的应用逐年增多，但质量参差不齐，主要是因为绿肥种植技术不完善所致。研究表明，葡萄园适宜的绿肥种类主要有毛叶苕子、紫花苜蓿、箭筈豌豆等豆科作物以及黑麦草、鼠茅草、早熟禾等禾本科作物，上述几种绿肥种植技术要点如表5-2所示。不同绿肥营养含量不同（表5-3），不同地区适宜的绿肥种类也不同。基于此，我国相关技术部门正在积极探索果园绿肥高效利用技术，相信在不久的将来，绿肥在我国葡萄乃至整个果树生产中也能够得到广泛的应用。

表5-1　沙地葡萄园连续5年套种毛叶苕子对土壤基本理化性状的影响

（毫克/千克）

处理	有机质	硝态氮	氨态氮	有效磷	速效钾
清耕	8 400	3.59	10.33	10.5	84.21
生草	11 080	5.60	13.66	23.21	143.91

表5-2　常用绿肥种植技术要点

绿肥种类	播种量 （千克/公顷）	播种时间	播种方式	生草量 ［吨/（公顷·年）］
毛叶苕子	45～75	9月上旬至10月中旬	机械条播	20～40
紫花苜蓿	45～75	9月上旬至10月中旬	机械条播	26～42
黑麦草	30～45	9月	撒播、条播	26～45
鼠茅草	15～30	9月至10月	混沙/土撒播	22～27

表5-3　常见豆科绿肥主要微量元素含量

名称	属名	干物质含量（毫克/千克）				
		铜	锌	铁	锰	总量
大巢菜（*Vicia sativa* L.）	野豌豆属（*Vicia* L.）	6	39	175	34	254

（续）

名称	属名	干物质含量（毫克/千克）				
		铜	锌	铁	锰	总量
黄毛灰毛豆（*Tephro-sia vestita* Vogle）	灰毛豆属（*Tephrosia* Pers.）	6	30	242	40	318
沙打旺（*Astragalus adsurgens* Pall.）	黄芪属（*Astragalus*）	6	20	291	55	372
多变小冠花（*Coronilla varia* L.）	小冠花属（*Coronilla* L.）	6	30	241	98	375
黄花草木樨（*Melilotus officinalis* L.）	草木樨属（*Melilotus* Lour.）	7	67	225	39	338
毛叶苕子（*Vicia villo-sa* Roth.）	野豌豆属（*Vicia* L.）	9	49	229	23	310
绿豆（*Vigna radiata* L.）	豇豆属（*Vigna* Savi）	9	31	331	91	462
白花草木樨（*Melilotus alba*. L.）	草木樨属（*Melilotus* Lour.）	10	93	517	29	649
灰豇豆（*Vigna pilosa* L.）	豇豆属（*Vigna* Savi）	10	32	372	40	454
大叶猪屎豆（*Crota-laria assamica*）	野百合属（*Crotala-ria* L.）	10	37	283	46	376
印度豇豆[*Vigna sinensis*（L.）Savi]	豇豆属（*Vigna* Savi）	10	33	385	109	537
乌豇豆（*Vigna un-guiculata* L.）	豇豆属（*Vigna* Savi）	11	40	220	64	335
晚熟大豆[*Glycine max*（L.）Merr.]	大豆属（*Glycine* Willd.）	12	43	746	111	912

（续）

名称	属名	干物质含量（毫克/千克）				
		铜	锌	铁	锰	总量
小豆（*Vigna angularis* L.）	豇豆属（*Vigna* Savi）	12	74	603	120	809
柽麻（*Crotalaria juncea* L.）	野百合属（*Crotalaria* L.）	16	38	376	100	530
光叶苕子（*Vicia villosa* L.）	野豌豆属（*Vicia* L.）	24	50	209	35	318

二、葡萄土肥水之间的关系

葡萄健康生长与土壤理化性状、生物群落关系密切。水肥管理除满足葡萄正常生长发育外，对土壤质量也产生很大影响。而土壤质量又决定着葡萄根系的生长，进而控制葡萄对肥水的吸收，最终影响葡萄生长状况及果实品质。因此，土、肥、水之间既相互影响又相辅相成，缺一不可。

（一）肥与水

葡萄需要的营养元素需要溶解到水里才能被吸收，适当的水分有利于葡萄吸收营养元素。肥水之间相互影响，素有水肥不分家之说；当土壤过于干旱时，根系能吸收到的营养元素有限，抑制葡萄生长；当土壤水分过大时，土壤通透性差，抑制根系正常呼吸，轻者出现沤根现象，重者根系死亡，吸收能力下降，影响营养元素的吸收。有时表现整树叶片黄化，或上部叶片黄化，或下部叶片黄化。还有些果园出现老叶有锈斑，很像是生了"锈病"，其实是土壤水分过大，根系呼吸不畅所致。肥料充足而灌水不足时，根系处在高浓度肥料的环境，容易烧根，表现老叶干枯或焦边。肥料充足，灌水过量时，会造成土壤通气不良，易溶于水的营养元素随灌水渗漏流失，既浪费了肥料，又造成地下水污染。施肥要适量，土壤的水分也要适当，才能让根系处于最佳吸收状态。

（二）肥、水与根系

适当的肥水，有利于根系生长。土壤过度干旱时，根系吸收的营养量减少，为了满足树势生长需求，根系会极力伸长，寻找水源，大量消耗树体养分；土壤水分过大时，根系呼吸差，不利于根系生长，严重时会导致根系死亡。当土壤肥料浓度过高时，根系出现反渗透，导致根系失水死亡。近几年，过量施肥导致的烧根现象普遍，给葡萄生产带来严重后果。对于新栽幼树，新根没有长出之前施肥，不利于新根生长，就算有新根长出时，也只能接受非常低的肥料浓度环境，肥料浓度稍微高一点，就会阻止新根长出，出现发芽后死亡的现象。对结果树，尤其是幼果膨大期，肥水需要量较大时，施肥更要适量，施肥量过大也容易出现烧根现象。

（三）肥、水与葡萄生长

当既缺肥又缺水时，葡萄生长缓慢，节间短，叶片小；当水分充足，而肥料不足时，葡萄枝条细长，叶片淡绿，营养过多地消耗在营养器官上，结果能力弱；当肥充足而水分不足时，易出现烧根现象，叶片小且颜色深绿，节间短；当肥水皆充足时，出现枝条徒长，叶片大而颜色浅，节间长，副梢抽发难控制。肥水与葡萄生长不协调，就会出现生理失调，增加管理难度。很多产区，在幼果膨大期处于干旱缺水状态，成熟期又降雨过多，易出现严重的裂果现象。所以肥水的调控是控制葡萄生长发育的关键。

（四）灌水与土壤质地

不同的土壤质地需要有相应的灌水量控制。对于土壤团粒结构发育良好的壤性土，或者有机质丰富的土壤，保水保肥能力强，灌水量可以适当大一些，灌水次数可以适当少一些。对于土壤黏重的果园，灌水量不宜过大，要保持土壤良好的通透性才能有利于根系生长和吸收。这种土壤一旦灌水过量，通透性差，根系呼吸困难，容易出现沤根现象。沙性较重的土壤，保水保肥能力差，水分渗漏快，灌水宜采用小水勤浇，过量灌水既浪费水资源又带走大量的营养。因土壤的储存和缓冲能力差，施肥量稍微大一点就易出现烧根现象，随着水分的下渗，很容易淋溶到土壤深层，使根系周围土壤肥料浓度迅速降低，让根系没有足够的肥料可以吸收，处于"饥饿"和"半饥饿"状态，所以对沙性土建议少量多次施肥。对黏重土壤和沙性土壤，建议基肥多施有机肥，以改善土壤的透气性和保肥保水性能。

三、葡萄年生育周期内施肥管理

葡萄周年生产中枝梢生长量大、果实产量高，对养分的需求量较多。不同的营养元素配比对葡萄的生长，以及品质和产量的形成至关重要，各元素在葡萄植株内须达到一定的浓度与平衡比例关系，才能有效地发挥其应有的生理功能。

（一）营养元素需求特性

营养元素对葡萄形态建成、果实品质与产量形成起着极其重要的作用，按需要量的大小可分为常量元素（氮、磷、硫、钾、钙、镁）和微量元素（铁、锰、铜、锌、钼、硼、氯），合理的营养关系有益于土壤肥力发展及生态环境的平衡。营养元素间存在协同或拮抗作用，适量的氮肥可促进镁的吸收，而钾可促进氮的吸收，对氮的代谢起直接作用；过量地施用氮肥会阻碍磷、钾、铜、锌、硼的吸收，钾与镁之间也存在拮抗作用。葡萄是喜钾植物，对钾的需求和吸收显著超过其他各种果树，整个生长期都需要大量钾素，尤其在果实成熟期需要量更大，其需要量居氮、磷、钾三要素的首位，葡萄生产上必须重视钾的充分供应。

葡萄营养生长旺盛，结果量大，在整个生长过程对氮、磷、钾的需求量很大。但不同时期对营养元素的需求不同。对氮和磷的吸收主要在转色期以前，萌芽期至谢花期吸收比例占30%左右，谢花期至转色期占40%左右，转色期至成熟期基本不吸收这两种元素，采收以后对这两种元素的吸收又迎来高峰期，约占全年吸收量的30%；对钾的吸收主要在果实膨大期，约占全年吸收量的50%，其余时期吸收相对均匀；钙和镁的吸收规律和钾基本信息相同。

所施肥料并未完全被葡萄吸收，一般公认的肥料利用率为氮30%～35%、磷20%～30%、钾40%～50%。其中氮和钾的补充主要以追肥为主，而磷由于极易被土壤固定，活化所需时间较长，80%磷元素需要在基肥施入。施肥量不宜过大，如果氮肥过多，会导致植株生长过旺，品质和产量下降；如果磷、钾过多，不但会造成肥料的浪费，也会对其他营养元素造成拮抗作用，进而影响树体生长。国内学者研究了每生产1吨果实，葡萄植株需要从土壤中吸收氮、五氧化二磷、氧化钾的量与其比例（表5-4），发现不同葡萄品种之间需肥量差异较大。因而在葡萄生产中，应根据葡萄品种、树龄、土壤条件、负载量等多方面因素来综合考虑，以进行平衡施肥。

表 5 - 4　形成 1 吨葡萄果实所需的营养元素量（田淑芬，2016）

品种	平均需肥量（千克）		
	N	P_2O_5	K_2O
红地球	5.40	1.84	7.80
赤霞珠	5.95	3.95	7.68
梅鹿辄	3.37	2.04	5.24
双优山	8.44	12.76	13.13
巨峰	3.91	2.31	5.26

（二）施肥管理

肥料分为化肥和有机肥，追肥以化肥为主，基肥以有机肥为主，在施肥管理中重要的是肥料种类选择和施肥技术。

1. 化肥种类　化肥根据工艺的不同可分为传统化肥、高塔造粒肥、水溶性肥料。

（1）传统化肥。目前，生产中应用最多的是尿素和传统复合肥，尿素水溶性好、见效快在生产中应用最广泛。传统复合肥颗粒很难分散，难溶解到土壤中。实践表明，传统复合肥或农用硫酸钾施到土壤中后半个月，还有大部分没有完全溶解。果农在施肥时都是在葡萄生长关键时期，即需肥量最大的时期，但是，此时施的肥料没有被溶解，也就不可能被树体吸收，大量的肥料随水淋溶到深层土壤，相当一部分被土壤固定，只有少量营养被树体吸收，留在土壤中未被吸收的营养在葡萄不需要大量养分时开始发挥作用，导致树体徒长，这也可能是葡萄生长后期营养生长过旺的一个原因。

（2）高塔造粒肥。随着化肥工艺的进步，高塔造粒的复合肥进入市场，高塔造粒相对于传统复合肥而言，肥料颗粒遇水后很快炸开，形成悬浮液，对肥料的快速溶解起到了相当大的作用。市场上又称为冲施肥、水冲肥。但是，从悬浊液到溶解于土壤中仍然需要一个较长的过程。

（3）水溶性肥料。近年来，水溶性肥料进入市场，在肥料进入土壤前就已经完全溶解于水中，对肥料的快速吸收起到了至关重要的作用。由于水溶性肥料市场价格高，很多高塔造粒的肥料会打着"冲施肥"的名义冒充水溶性肥料，但这两种肥料有本质的区别，农业部也制定了水溶性肥料的标准，如NY—1106、NY—1107、NY—1428、NY—1429 等，而高塔造粒型肥料还是沿用传统复合肥的标准，提醒读者在选择时加以注意。

2. 有机肥种类　有机肥料根据有机物料的来源不同，营养含量也不相同。在这里重点讨论一下畜禽粪便、商品有机肥、生物有机肥和含生物刺激素的生物有机肥。

（1）畜禽粪便。畜禽粪便没有国家标准和行业标准，市场最为混乱，产品质量参差不齐，但应用量也最大。应用最多的是鸡粪、猪粪、牛粪、羊粪等。笔者建议，如果选择畜禽粪便作为有机肥施用，建议用牛粪或羊粪，施肥量为 5～10 方/亩，禁止用鸡粪和猪粪，因为鸡粪和猪粪中含有大量的抗生素、消毒水和重金属，大量施用给土壤环境和树体生长带来很大的威胁。

（2）商品有机肥。商品有机肥是指以畜禽粪便、动植物残体等富含有机质的副产品资源为主要原料，经发酵腐熟后制成的有机肥料，执行标准 NY 525—2012。如果选用商品有机肥作为基肥，应用时建议用量 1 吨/亩以上。商品有机肥标准规定，pH 5～8 均为合格产品，由于我国葡萄园土壤类型多样，因此在选择时要用 pH 试纸进行简单检测，北方土壤适于用偏酸性肥料，南方酸性土壤中适于用偏碱性肥料。

（3）生物有机肥。生物有机肥是指特定功能微生物与主要以动植物残体（如畜禽粪便、农作物秸秆等）为来源并经无害化处理、腐熟的有机物料复合而成的一类兼具微生物肥料和有机肥效应的肥料，执行标准为 NY 884—2012。如果选用生物有机肥作为基肥施用，建议葡萄用量在 500～700 千克/亩。应用生物有机肥时经常会遇到生物有机肥效果不稳定的问题，即不同地区、不同园区效果差异较大。这主要是因为不同地区、不同园区土壤环境不同，肥料中的益生菌到土壤中后的适应性也不同，如果外源益生菌不能在短期内适应土壤环境，自身不能存活，则不能发挥作用。大量试验表明，如果肥料中含有 5% 以上氨基酸的生物有机肥，其肥效相对稳定，因为即便土壤不适宜益生菌的生长，但肥料中的氨基酸可以帮助其适应土壤环境。

（4）含生物刺激素的生物有机肥。目前，生物刺激素的概念还没有在国内普及，但欧洲生物刺激素产业联盟给生物刺激素的定义为：植物生物刺激素是一种包含某些成分和微生物的物质，这些成分和微生物在施用于植物或者根围时，其功效是对植物的自然进程起到刺激作用，包括加强/有益于营养吸收、营养功效、非生物胁迫抗力及作物品质，而与营养成分无关。由此可知，生物刺激素既不是农药，更不是传统肥料，其靶标是农作物本身，可以提高肥料利用率或增强农药药效，改善作物的生理生化状态，提高抗逆性，改善作物品质和提高产量。含生物刺激素的有机肥见效快、用量小，市场价格也相对较高，生产中一般用 150～300 千克/亩即可满足葡萄正常生长。

3. 葡萄年生育周期内施肥管理　葡萄不同时期对不同元素吸收量不同。应开浅沟在葡萄根系分布区域施入，覆土后立即灌水。施肥时期一般在萌芽期、开花期、膨大期、转熟期/转色期、采后期等生长关键时期。

（1）萌芽期。葡萄萌芽所需养分多为树体在上一年度积累的养分，该时期施肥是为花前新梢快速增长做准备。这一时期施肥量氮素和磷素均占全年施肥量 30％、钾素占全年施肥量25％。根据品种和树体积累养分不同，施肥量也不同。巨峰等欧美杂种系列品种容易徒长，若上一年度树势强壮，且养分积累充分，可以不施肥；红地球等欧亚种系列品种长势较弱，在萌芽期要施一定量的氮肥。亩产 1 500 千克的葡萄园，根据表 5-4，巨峰品种一般建议亩施肥量为氮素 5～7 千克、磷素（P_2O_5）3～4 千克、钾素（K_2O）5～6 千克，红地球品种一般建议亩施肥量为氮素 8～9 千克、磷素 3～4 千克、钾素 7～8 千克，根据产量酌情调整施肥量，但要根据往年树体长势情况和当地地力情况而定。

（2）花前肥。在开花前 1 周，若葡萄新梢长势均匀，且成龄叶片达到 8 片或以上，不施肥；若少于 8 片叶，可补充少量的肥料，不能多施以免营养生长过快，影响开花坐果。此时期通过根外施肥，补充铁、锰、硼、锌等微量元素，有利于开花坐果。

（3）果实膨大期。葡萄果实膨大期分为两个阶段，第一个阶段以果实细胞分裂为主，第二个阶段以果实细胞膨大为主。该时期是葡萄需肥量最大的时期，氮素和磷素施肥量占全年施肥量的 40％，钾素占全年施肥量的 50％。根据表 5-4，亩产1 500 千克的葡萄园，巨峰品种建议亩施肥量为氮素 7～8 千克、磷素（P_2O_5）5～6 千克、钾素（K_2O）8～10 千克；红地球品种建议亩施肥量为氮素 9～10 千克、磷素（P_2O_5）4～5 千克、钾素（K_2O）11～15 千克；所有品种均需配合 10～15 千克的钙镁肥。为保障肥料效果，建议分 3～4 次施用。

（4）转色期/成熟期。转色期是果实品质形成的关键时期，此时对氮和磷基本不吸收，主要以吸收钾肥为主，钾素施用量占全年施肥量的 10％。根据表 5-4，如果树势正常，建议巨峰品种施肥量为钾素（K$_2$O）3～4千克，红地球品种施肥量为钾素（K$_2$O）4～5千克，一次性施用。

（5）采后期。采后肥也称为月子肥，对树体恢复极其重要，此时为葡萄吸收养分的又一个高峰期。这一时期氮素和磷素吸收量约占全年吸收量的30％，钾素吸收量约占全年吸收量的15％。根据表5-4，亩产1500千克的葡萄园，巨峰品种建议亩施肥量为氮素5～6千克、磷素（P$_2$O$_5$）4～5千克、钾素（K$_2$O）4～5千克；红地球品种建议亩施肥量为氮素8～9千克、磷素（P$_2$O$_5$）3～4千克、钾素（K$_2$O）3～4千克，所有品种均需施用5～10千克的钙镁肥。底肥中有机肥种类和施肥量上文已有介绍，不再赘述，由于葡萄对钙、镁、磷等元素吸收量较大，但这3种元素容易被土壤固定，但如果有机肥中钙镁含量不高，要针对性施用一些肥料以补充，如钙镁磷肥、甲壳素等。

4. 水肥一体化简介　关于施肥方式，传统施肥方式分为沟施、穴施。水肥一体化施肥方式是近年来在我国新兴起的施肥灌溉方式，得到农业农村部和各地的大力推广，在葡萄生产中也有部分应用。

（1）水肥一体化定义。水肥一体化是利用管道灌溉系统，将肥料溶解在水中，同时进行灌溉与施肥，适时适量地满足农作物对水分和养分的需求，实现水肥同步管理和高效利用的节水农业技术，是目前水肥耦合的最佳模式，具有省水、省肥、省工等优点，对果树绿色减肥增效意义重大，非常适合规模化果园应用，国家在化肥零增长战略中也大力提倡水肥一体化。

（2）水肥一体化应用原则。葡萄生产中应用水肥一体化时，要区别于传统的关键时期施肥，而是关键时期之间的均匀施肥，遵循少量多次、水不走空的原则。水肥一体化有很多方式，如滴灌、喷灌等。葡萄生产中应用更多的是滴灌。由于边际效应，长时间滴灌，会在土壤中形成一个高盐分界线，葡萄根系很难逾越该界限，所以生产中提倡滴灌和漫灌结合，每年1～2次漫灌以打破该界限。滴灌操作时，要先滴清水，再滴肥料，再滴清水，防止滴灌管内富营养化募集微生物导致管道堵塞。

（3）滴灌条件下的施肥管理。滴灌一般由蓄水池或无塔供水装置、施肥罐、滴灌带组成。阀门开启后，水由蓄水池或无塔供水装置中经过施肥罐进入滴灌带中，再由滴灌孔进入土壤中，从而实现水肥一体化。滴灌须结合水溶性肥料应用，目前水溶性肥料配方较多。在应用时注意，硬核期以前，施用高氮复合型水溶肥，硬核期以后施用高钾水溶肥，提高树势用高氮低磷高钾型水溶肥。建议按照"萌芽期—开花前""膨大期—硬核期""硬核期—转熟期""转熟期—采收期""采后"进行施肥时间划分，每隔7～15天滴灌一次，沙土地在干旱季节滴灌频率要更高一些。中国农业科学院郑州果树研究所在河南郑州、新乡、商丘等葡萄产地的试验结果表明，滴灌施肥水溶肥用量每年不超过40千克/亩，即可满足亩产1 500千克的葡萄正常生长。

总之，施肥管理要遵循葡萄自身的养分需求，同时要根据当地的土壤肥力和树体生长发育情况而定，适时、适量施用氮肥是施肥方案中最重要的，只有在合理的氮肥适用前提下，其他肥料施用才有可能取得应有的效果。判断葡萄缺肥与否，目前最为科学的方法是营养诊断，有关部门已经制定了葡萄叶分析的标准值（表5-5），可以作为参考。但是生产中若不能实现叶片营养诊断，可以根据葡萄树相判断是否缺肥，即"没果实时看新梢，有果实时看果实"。当葡萄新梢顶端向下垂时，说明树体长势良好，不需施肥；当新梢顶端直立向上，且节间过短时，说明树体生长不良，需要施肥。果实有光泽，说明发育正常，若无光泽说明缺肥该浇水施肥。以上在部分品种中得到证实，是否客观有待进一步检验。

表 5－5　葡萄开花期叶柄营养元素含量标准值

（引自 Robinson，1997）

营养元素	含量范围				
	缺值	临界值	正常值	高值	超量或中毒
N（%）			0.8～1.1		
NO_3-N(毫克/千克)	＜340	340～499	500～1 200	＞1 200	
P（%）	＜0.2	0.2～0.24	0.25～0.50	＞0.50	
K（%）	＜1.0	1.0～1.7	1.8～3.0		
Ca（%）			1.2～2.5		
Mg（%）	＜0.3	0.3～0.39	＞0.40		
Fe（毫克/千克）			＞30		
Cu（毫克/千克）	＜3	3～5	6～11		
Zn（毫克/千克）	＜15	16～25	＞26		
Mn（毫克/千克）	＜20	20～29	30～60		＞500
B（毫克/千克）	＜25	26～34	35～70	71～100	＞100

四、葡萄年生育周期水分管理

葡萄是需水量较大的果树，叶面积大，蒸发量大，如果土壤中水分不能及时满足葡萄生长发育需要，会对产量和品质造成影响。生产上必须结合物候期及树体生长情况做到及时、合理供应水分来保证葡萄正常生长。

（一）葡萄需水特性

不同生育期缺水对葡萄的生长发育影响很大。一般来说，在生长前期缺水，会造成新梢短、叶片和花序小、坐果率低；在浆果迅速膨大初期缺水，往往对浆果的继续膨大产生不良影响，即使过后有充足的水分供应，也难以使浆果达到正常大小。在果实成熟期轻微缺水，可促进浆果成熟，提高果实含糖量，但严重缺水则会延迟成熟，并使浆果颜色发暗，甚至引起果实日灼。如果水分过多，常造成植株新梢徒长，树体遮阴，通风透光不良，枝条成熟度差，尤其是在浆果成熟期水分过多，常使浆果含糖量降低，品质较差，而此时土壤水分的剧烈变化还会引起裂果。

葡萄最适宜生长的土壤含水量为60%，即土壤呈手抓成团、一触即散的状态。土壤含水量低于40%时需要浇水，高于80%时土壤透气性变差，根系生长受到抑制。生长期要保持60%的土壤水分，但是为了生产高品质的水果，在转熟期以后要保持40%～50%的土壤水分，促进着色、提高糖度。上文提到，葡萄需肥有几个关键时期，而这几个关键时期也是需水的关键时期，结合施肥需要灌水。

（二）年生育周期水分管理

葡萄园灌水方案应根据葡萄年生长周期中需水规律、栽培区域气候条件、土壤性质、栽培方式等来确定。

1. 萌芽期水分管理 萌芽期需要有充足的水分，以能保证正常发芽。对于北方埋土防寒区，出土后需要灌透水。北方早春干冷，出土后土质疏松，水分易散失，易出现春季抽干现象。此时的透水，既补充了葡萄树体的水分需要，有利于发芽整齐，还可以增加土壤的比热，一旦遇到冷空气时，可以减轻冻害造成的破坏。对于北方非埋土防寒区，要视天气决定是否灌水，遇到多雨年份，土壤湿润，不需要灌水，干旱年份视墒情灌足萌芽水。对于南方多雨地区露地栽培的葡萄，要注意田间排水，防止水分过大导致沤根。一般认为，在葡萄上架灌第一次水应能渗透到40厘米的土层，在20厘米以下土层的持水量应保持在60%左右。

2. 发芽后到开花前水分管理 花前1周进行灌水，可为葡萄开花、坐果创造良好的水分条件，缓解开花与新梢生长对水分需求的矛盾。对于南方多雨地区、露地栽培或避雨栽培的葡萄，需要田间排水良好，防沤根，降低田间湿度。对于干旱区，只有保证此时的水分供应，才能形成发育良好的叶片和花序，这是后期丰产的基础。对于北方栽培的葡萄，需要根据降雨和土壤墒情，保障葡萄正常的生长，长势不良的果园，发芽后不宜大水漫灌，以免造成土壤温度过低，根系吸收能力下降。对于红地球、克瑞生、红宝石等葡萄品种，花序过紧，生理落果少，疏果工作量比较大，在此时需要保障充足的水分供应，让花序充分拉伸，以减少后期的疏果工作量，且良好的肥水条件下，生理落果较多，有利于生产松散型果穗，不用或减少疏果。对于易落花落果的品种，如巨峰、户太8号等，发芽时可以有适当的水分，开花前后需要严格控制肥水，防止徒长造成的严重落花落果。

3. 落花后至转色期/成熟期的水分管理　从花后1周至果实着色前，依降雨情况、土壤类型、土壤含水量等进行2～3次灌水。此期灌水有利于浆果迅速膨大，对增产有显著效果。果实采收前应适当控水，遇降水较多要及时排水，以提高果实品质，有利于糖分积累和着色。

此时期是葡萄吸收营养的重要时期，半数以上的养分均在这一时期吸收。此时应该保持土壤良好墒情，保持适宜的肥料浓度。当土壤含水量达到持水量的60%～80%，土壤中的水分与空气状况最符合树体生长结果的需要。若水分过大，则根系呼吸困难，吸收效率低，甚至根系死亡，老叶黄化，果粒生长缓慢；若水分不足，则土壤过于干旱，肥料的吸收减少，易产生肥害，且日烧或气灼会比较重，后期易裂果。对于生理落果严重的品种，比如巨峰、户太8号等，应该在谢花后10～15天以后再大量施肥和浇水，肥水供应过早，可能会出现较严重的落花落果。这一时期虽然需要充足的水分供应，最好用小水勤浇替代大水漫灌，在高温天气，尤其是用地下水浇地的情况，最好在傍晚后浇水。南方多雨地区，一定要注意清沟，使田间排水良好。在降雨多又排水不良时，不但土壤湿度过大，根系活力低和吸收差，而且过多的水分造成田间湿度大，灰霉病发生严重，防治困难。

4. 转色期至成熟期的水分管理 此时期水分管理的原则是维持适量的土壤水分。土壤水分过大，会导致枝条徒长，消耗过多的营养，引起果实糖度低，上色困难，所以这一时期应适度干旱，土壤含水量维持在最大持水量的50%。含水量过小，如果遇到阴雨天气，可能会造成果实裂果。对于此时降雨偏多的区域，要注意田间排水，清理田间沟渠，保持排水畅通。排水不及时，也容易出现裂果，同时容易造成根系大量死亡，导致"水罐子病"，而且影响后期的养分积累和翌年的发芽。

5. 采收后水分管理 由于果实采收前适当的控水，果实采收后树体往往表现水分胁迫现象，叶片趋于衰老，因此在果实采后应立即灌水一次，可与秋施基肥结合进行。此次灌水有利于延迟叶片衰老，提高叶片光合性能，从而有利于树体贮藏养分积累，枝条和冬芽充分成熟。

对于干旱区，此时要有适当的水分供应，尤其是在秋施基肥时，需要适量地灌水。对多雨或湿润地区，要注意田间排水。施用秋季基肥的时期在各地都不是很一致，一般在9月中下旬至10月上旬，以地下有大量白根长出来为准。对于云南等干旱地区，采果后还在雨季，离施秋肥还有很长一段时间，要控肥控水，防止枝条徒长消耗过多的营养，且有利于霜霉病的预防。对于南方多雨区，采果后易出现阴雨连绵的天气，要注意田间的排水，防止田间积水和沤根。我国多数不埋土防寒区落叶期不需要浇水，云南干旱区修剪后为促萌需要灌透水。

6. 封冻前水分管理 埋土防寒区在葡萄冬剪后埋土防寒

前，非埋土防寒区在霜冻期过后应灌一次透水，可使土壤充分吸水，有利于植株安全越冬。埋土防寒区封冻水是非常有必要的，生产中有"冬灌不灌，减产一半"的说法。封冻水既能增加土壤的比热，又能使土壤更密实，减少热量的散失，防止根系受冻。

第六章
葡萄花果管理

追求产量一直是传统种植模式下种植户提高经济效益最直接有效的目标。然而随着我国农业产业结构的调整，果树栽培面积的不断扩大，果品出现了低水平的过剩和相对饱和。因此，提高果品质量、降低生产成本是现代果品生产的当务之急。葡萄的花果管理技术是优质葡萄生产的重要措施，是控制葡萄产量及质量最直接有效的途径之一。

一、葡萄花果的植物学特性

所谓植物学特性是指植物形态组成的根、茎、叶、花、果实、种子等各种器官的特征。相比其他植物，葡萄植物学特性中的花及果实不仅构成复杂，而且对葡萄生产影响较大，在这里重点进行讨论。

（一）花序和花

1. 花序　葡萄花序在植物学上属于聚伞圆锥花序，或复总状花序，呈圆锥形，由花序轴、花梗和花蕾组成，有的花序上还有副穗。葡萄花序的分枝一般可达 3～5 级，基部的分枝级数多，顶部的分枝级数少。发育完全的花序，一般有花蕾200～1 500 个，中部花蕾质量最好。

葡萄花序与卷须为同源器官，并可以相互转化，主要取决于营养状况和环境条件。当营养充足时，卷须可转化为花序，正常开花结果；营养不足时，花序可能退化形成卷须。花序在新梢上发生的位置与卷须相同，但通常只着生在下部数节。欧亚种群，1个结果枝上有花序1~2个，多着生在新梢的第5~6节；美洲种群和欧美杂种，1个结果枝有花序3~4个或更多，多着生于新梢的第3~4节。

2. 花 葡萄的花很小，通常由花梗、花托、花萼、蜜腺、雄蕊、雌蕊等器官组成。花梗连接花序轴和花蕾，呈长柱状，最终发育成果柄（或果梗）。花托位于花梗顶端，一般略呈膨大状，其上着生花的其他部分，由外到内依次为花萼、雄蕊群、蜜腺和雌蕊。花萼小而不明显，5个萼片合生，包围在花的基部。雄蕊群通常由5个花丝和花药组成，环列于子房周围。花药是雄蕊的主要组成部分，由药隔分割为4个花粉囊。花药成熟时，药隔每一侧的两个花粉囊相互沟通，合并成一室，开花时花粉囊纵裂，散出花粉。每朵花有雌蕊1个，包括子房和柱头。子房是雌蕊的主要组成部分，主要由子房壁、子房室、胚珠和胎座等组成，最终发育成果实，子房内的胚珠受精形成种子。子房下部有5个圆形蜜腺。根据花朵内雌蕊和雄蕊发育的不同情况，葡萄花可分为完全花和不完全花（图6-1）。完全花又称为两性花，不完全花包括雌能花和雄能花两种类型。完全花具有正常雌蕊和雄蕊，能够自花授粉结实，绝大多数品种系两性花。雌能花的雌蕊发达，虽然也有雄蕊，但不能完成受精过程，表现为雄性不育。雌能花葡萄在授粉情况下，可正常结果，否则只能形成无核小果。雄能花在花朵中仅有雄蕊而无雌蕊或雌蕊不完全，不能结实，此类花仅见于野生种。

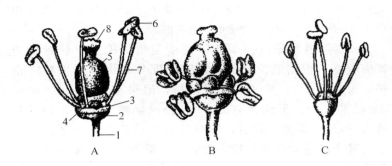

图 6-1 葡萄的花

A. 完全花　B. 雌能花　C. 雄能花

1. 花梗　2. 花托　3. 花萼　4. 蜜腺　5. 子房　6. 花药　7. 花丝　8. 柱头

（二）果穗与果粒

1. 果穗　葡萄经开花、授粉、受精、结果后，花朵的子房发育成果粒，花序形成果穗。葡萄果穗由穗轴、果梗及果粒组成。

（1）果穗形状。葡萄果穗因各分枝的发育程度不同而形成不同形状，如圆锥形、圆柱形和分枝形。有的葡萄品种在穗轴上生有比较发达的分枝，形成副穗，因此，有时一个葡萄果穗上有主穗和副穗之分。根据果穗基部歧肩的有无和多少又有无歧肩、单歧肩、双歧肩和多歧肩之分。

（2）果穗大小。根据《葡萄种质资源描述规范和数据标准》规定，果穗大小应以果穗长、宽的乘积来表示，单位为厘米^2。但实际生产中，为方便计算，常用穗长（厘米）或穗重来表示（克）。为方便区分果穗大小，通常将果穗大小分为 5个级别。按穗长来分，分为极小（穗长＜10 厘米）、小（穗长10～14 厘米）、中（穗长 14～20 厘米）、大（20～25 厘米）、极大（穗长＞25 厘米）；按穗重来分，分为极小（穗重＜100

克）、小（穗重 100～250 g）、中（穗重 250～450 g）、大（穗重 450～800 g）、极大（穗重＞800 g）。

（3）果穗紧密度。果穗紧密度是指果穗上果粒着生的紧密程度，根据果粒着生的紧密程度分为极紧（果粒间很挤，果粒变形）、紧（果粒间较挤，但果粒不变形）、适中（果穗平放时，形状稍有改变）、松（果穗平放时，显著变形）、极松（果穗平放时，所有分枝几乎都在一个平面上）。果穗紧密度对鲜食葡萄较为重要，以果穗丰满、紧密度适中为佳。

2. 果粒 葡萄果实在植物学上属于真果，因果实柔软多汁，而称其果粒为浆果。果粒是由子房发育而成，由果梗（果柄）、果蒂、果皮（外果皮）、果肉（中果皮）、果刷、果心（内果皮）和种子（无种子）组成（图 6 - 2）。果梗与果肉相连的维管束为果刷，果刷的长短与拉力的大小与该品种

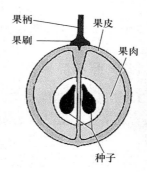

图 6 - 2　葡萄果粒构造

的贮运性和抗脱落能力有关。果皮（外果皮）是由子房壁的一层表皮细胞和 10～15 层下表皮细胞组成。中果皮在 3 层果皮组织中最为发达，由 16～18 层大型细胞组成，最终形成具有浆果特性的果肉。内果皮在中果皮内侧，由 1～2 层细胞构成，与种子相连接。

（1）果粒形状。不同葡萄品种果粒形状不同，成熟果粒形状可分为圆形、近圆形、鸡心形、长椭圆形、长圆形、椭圆形、弯形和束腰形（或瓶形）8 个类型（图 6 - 3）。葡萄果粒形状以圆形和卵圆形居多。

（2）果粒大小。果粒大小用果粒的长度与宽度的乘积表

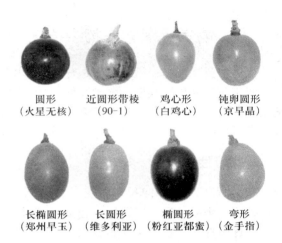

圆形　　　　近圆形带棱　　鸡心形　　　钝卵圆形
（火星无核）　（90-1）　　（白鸡心）　（京早晶）

长椭圆形　　　长圆形　　　椭圆形　　　弯形
（郑州早玉）　（维多利亚）　（粉红亚都蜜）（金手指）

图6-3　葡萄果粒形状

示，单位为厘米^2，果粒长度为果蒂基部至果顶的长度（纵径），宽度为果粒的最大宽度（横径）。为方便描述，生产上常用果粒的长度和宽度的平均值或果粒重来表示。跟果穗大小一样，不同葡萄品种果粒大小同样有很大差异。为方便区分果粒大小，将果粒大小分为5个级别：极小（0.5克以内）、小（0.5～2.5克）、中（2.5～6.0克）、大（6.0～9.0克）、极大（9.0克以上）。

（3）果皮厚度。果皮厚度可分为薄、中、厚3种，果皮厚韧的品种耐贮运，但鲜食口感差。果皮薄的品种虽鲜食爽口，但易引起裂果，不利于贮存和长途运输。

（4）果实颜色。果实的颜色是果实品质的直接外观体现，由果皮细胞中所含的色素种类决定。葡萄果皮颜色从浅到深可分为黄绿—绿黄、粉红、红、紫红—红紫、蓝黑5种，一般果皮颜色为黄绿—绿黄的品种含有大量的叶黄素、胡萝卜素等，其他颜色品种含有多种花青素。

二、葡萄花果的生物学特性

生物学特性主要指植物组织及器官在环境的影响下发生的各种适应性变化，也称为物候期。葡萄物候期最重要，影响最大的就是花果物候期，这里主要从葡萄开花、坐果习性及果实膨大等方面进行介绍。

（一）开花习性

葡萄开花过程包括花序伸长期、花序分离期、花朵分离期、开花授粉期、坐果期这 5 个阶段。葡萄发芽后，随着新梢的生长，花序逐渐伸长、扩展，花蕾膨大、分离，当气温上升到 20 ℃左右，花冠由绿变黄，基部开裂。花丝不断伸长，从萼片向外翻卷。进而花粉囊纵裂，花粉散出，落到雌蕊柱头，完成授粉，并在柱头黏液的刺激下，花粉萌发，完成受精。

1. 开花物候期 葡萄开花物候期包括花芽萌发期、始花期、盛花始期、盛花末期、满开期、落花期。葡萄从萌芽期至始花期的时间与温度密切相关。在春季温度高的地区或年份，萌芽至开花的时间可缩短至 30 天，在春季长而冰冷的地区或年份，开花延后，最长可超过 70 天。同一果穗有 1 朵花开放为见花期，5％的花朵开放为始花期，50％的花朵开放为盛花初期，80％的花朵开放为盛花末期，花蕾完全开放为满开期，花朵脱落为落花期或谢花期。

2. 开花持续时间 葡萄开花持续时间的长短与花蕾数呈正相关，也因品种和气候条件而变化。

一般来说，单朵花开放时间一般为 15～30 分钟，单个花序开花时间受品种、着生部位及环境等因素的影响，一个花序完成时间需 2～6 天不等。花期长短受环境因素影响也较大，当气温达 27～32 ℃时，花粉萌发率最高，促进花蕾开放。而低于 15 ℃或连绵阴雨则不能正常开花与受精，导致花期延长。

3. 日开花动态 一般来说，不同葡萄品种的日开花动态基本一致，一天当中，6 时以前开花很少，一般开花时间在6～15 时，通常在 7～11 时会出现一次开花高峰期，开花数占总花数的 80％以上。15 时以后花朵一般不开放，或仅有个别小花开放，夜间花朵不开放。

多数葡萄品种一天当中只出现一次开花高峰期，但也有部分品种存在两次高峰期。杨治元以 15 个欧美杂交种和 13 个欧亚种为试材对葡萄品种开花的生物学特性进行观察试验表明，根据 6～12 时开花比例分为 4 种类型，第一种是 95％以上，如欧亚种红高、无核白鸡心、美人指、京玉等品种在此时段占总开花数的 97.8％以上；第二种是 95％左右，如夏黑、巨玫瑰、克瑞森等品种；第三种是 90％左右，如醉金香、京亚、温克等品种；第四种是 80％左右，有藤稔、香悦、峰后等品种。前两种葡萄一天当中只出现一次开花高峰，后两种在 6～12 时出现一次开花高峰，12～14 时又出现一次较弱的开花高峰。

对于温室葡萄品种，一天只存在一次开花高峰期。晁无疾等通过对温室葡萄开花动态观察发现，温室葡萄一天只有一个开花高峰，即在 9～11 时，温度为 24～26 ℃，相对湿度在60％～80％。而其他时间由于不能同时满足葡萄开花的温湿度条件，开花数很少或不开花。

4. 影响开花的因素 影响葡萄开花的主要因素是环境因素，如温度、湿度、光照度等。已有研究证明，光照度对葡萄开花没有太大影响，温度和湿度对开花影响比较显著。

（1）温度。温度是影响葡萄开花的主要因素，当日平均气温上升到 20 ℃左右时进入开花期，开花的适宜气温在 20～32 ℃，在适温下，花粉发芽率高，花粉管伸长快，在数小时内即可进入胚珠。在 15 ℃以下则不能正常开花和受精，花粉管伸长缓慢，需要 5～7 天才能进入胚珠。当气温高达 35～38 ℃时，开花又受到抑制。有研究表明，日平均温度为 14.9～18.8 ℃时，无核白葡萄在开花高峰期的开花率只有 2.3%，当气温回升到 22 ℃左右，其开花率提高到 23%～25%。

（2）湿度。有研究认为，葡萄开花的最适湿度为 65%～85%，但也有研究认为，湿度对葡萄开花影响不明显，相对湿度为 40%～100%的环境条件下都能开花。因此需要结合温湿度来评价相对湿度对开花的影响。一般条件下，温度过高会引起相对湿度降低，温度过低又使相对湿度增高，因此，我们认为只有在适宜温度范围内，相对湿度 65%～85%才是葡萄开花的适宜湿度。温度和湿度两个条件同时具备，才有利于开花。

（二）坐果特性

葡萄开花期间就伴随着坐果和生理落果，葡萄生理落果一般在盛花后 2～3 天开始。开花坐果期间，植株的营养状况对坐果率有很大影响，健壮结果枝上花序的坐果率常较衰弱结果枝上的高，结果枝上成龄叶数越多，坐果率越高，而幼叶过多不利于坐果。不同品种坐果率也不同，一般情况下，巨峰坐果率为 13.4%，新玫瑰为 31.1%，康拜尔为 36.3%，底拉洼为 43.2%。

1. 坐果类型

（1）正常坐果。一般有核品种坐果，都需要正常的授粉受精。花粉落到柱头上后，4～6 小时开始萌发，通过萌发孔长出花粉管，15～24 小时后通过珠孔进入胚囊。授粉后 28～34 小时生殖核分裂形成 2 个精子，其中一个与卵核结合，形成合子。另一个与次生核结合形成胚乳核。双受精完成后，合子进一步发育为种胚，而胚乳核发育为胚乳。

（2）单性结实。不经授粉或虽经授粉但未完成受精过程而形成果实的现象称为单性结实。在葡萄上常见的单性结实有以下几种类型。

①刺激型单性结实。经过授粉但未完成受精过程而形成果实，或受精后胚珠在发育过程中败育，这种结实方式为刺激型单性结实。有研究表明，对于这类刺激型单性结实品种来说，花粉萌发刺激和由环剥引起的养分刺激对提高坐果有很大作用，激素刺激也可提高该类单性结实的坐果率。

②无核型单性结实。授粉受精能正常完成，只是合子胚在发育 2～4 周后即行停止，最后败育而不能形成种子。天然无核品种属于这种类型，如无核白鸡心、金星无核、优无核等，此类品种虽不能形成正常的种子，但仍需正常授粉受精，以保证正常坐果，因此又称为受精型单性结实或称假单性结实。

③空核型单性结实。能正常完成授粉受精，胚珠的珠被细胞也能正常发育为种皮，但胚和胚乳发育到一定程度后即行败育，因此形成空种子。此类单性结实的胚和胚乳的败育时间晚于无核型单性结实，对坐果和浆果的发育不产生明显影响。

2. 影响坐果的因素

（1）花器官发育。一般只有在正常授粉受精之后果粒才能发育，若花器官发育不正常就会影响正常的授粉受精过程，使坐果率降低。如四倍体葡萄部分花粉母细胞减数分裂过程会出现异常现象，不能形成有效花粉粒完成授粉受精过程，而降低坐果率。

（2）营养条件。一切影响树体营养水平的因素，都会影响坐果。如将葡萄种植在贫瘠的土地上，葡萄树势往往较弱，雌蕊发育差，加剧落花、落果，导致坐果率差，果穗松散，出现大小粒的现象。而在土壤肥沃、养分充足的条件下，树体强盛，新梢长势过于旺盛，开花坐果期大量营养运输到叶、蔓生长上，花器官营养不良，同样会降低坐果率。对新梢进行摘心，将较多的营养物质转移到花果上，能够提高坐果率。

（3）气候条件。在开花坐果期，干旱、低温、阴雨天气等不利气候因素都会影响花器官发育和受精完成，从而降低坐果率。

（4）品种特性。葡萄坐果率因品种不同而有所差异，一般欧亚种较欧美种高；夏黑无核等品种自然坐果率很差，需用赤霉酸等调节剂保果；巨峰葡萄落花落果严重，坐果率低，需采取花前喷施控旺剂、结果枝摘心等措施提高坐果率。

除此之外，还有病虫害、栽培措施、土壤条件等因素也影响葡萄的坐果率。

（三）果实膨大特性

果实膨大是指果实内细胞的分裂和膨大，细胞数目增加越多，体积越大，果粒也就越大。果实膨大还伴随着果实内部营养物质的积累、内含物质的转化及果实着色等过程。葡萄果实从幼小的子房到果实成熟，其体积增加约 300 倍。葡萄果实无论是有籽品种，还是无籽单性结实品种，果粒的发育主要有 3 个阶段：果实快速膨大期、果实缓慢膨大期、果实第二次膨大期。

1. 果实快速膨大期　从坐果开始到第一次快速生长停止期，这个时期细胞分裂旺盛，尤其是这段时期的前半期，即花后 5～10 天。后半期膨大主要依赖于细胞体积的增大。这个时期果实的纵横径、重量和体积都得到快速增长，浆果绿色、肉硬，含酸量持续增加，含糖量最低。

2. 果实生长缓慢期（硬核期）　在快速生长期之后，浆果发育进入缓慢生长期，外观有停滞生长现象。此期间开始失绿变软，含糖量增加，含酸量最高。此阶段不同品种持续时间长短不同，早熟品种持续时间较短，而晚熟品种持续时间较长。

3. 果实第二次膨大期 这个阶段是浆果生长发育的高峰期，但生长速度慢于第一期，在此期间，浆果慢慢变软，酸度迅速下降，可溶性固形物迅速上升，果实开始着色，逐渐形成品种的固有大小、色泽及风味等，达到果实成熟。

三、葡萄花芽分化

花芽分化是影响葡萄最终产量的关键因素。葡萄的花芽有冬花芽和夏花芽之分，夏花芽摘心后即开始萌发，萌发的副梢一般不易形成花序。夏花芽萌发生长的速度越快，花芽分化的速度也越快，分化完成时间较短。冬花芽分化时间长，一般主梢开花始期也是冬花芽分化始期，随后逐渐减缓，最后进入冬季休眠期，至此完成花序原基分化。然后，到翌年萌芽和展叶后，在已形成的花芽原基的基础上继续进行花器官分化，完成整个花芽分化过程。

（一）花芽分化的两个阶段

葡萄花芽分化是一个缓慢而复杂的过程，是由营养生长向生殖生长转变的标志。整个花芽分化可分为生理分化和形态分化两个阶段。

1. 生理分化阶段 这一阶段，芽的生长点由营养状态向生殖状态转变，进行了一系列生理生化变化，包括成花诱导和花芽发端（花序原基分化）两个过程。成花诱导主要是以成花基因的启动为主要特点的生理生化过程，是成花因素积累的过程。成花诱导期是决定芽性质的关键时期，此时，芽生长点内部发生一系列变化，生长点原生质对内外因素比较敏感，易于改变代谢方向，并且一旦完成，不可逆转。

花芽发端又称为花序原基分化，是在成花基因启动后引起的一系列有丝分裂等特殊发育活动分化出花器原始体，完成花序分化过程。花序分化的过程包括未分化期、花序原基分化期及花序第二穗轴分化期（小穗原基分化期）。

（1）未分化期。此发育阶段属于葡萄芽的营养生长时期。当年生新梢上的腋芽随新梢生长不断分化，此期芽生长锥尖而狭窄，呈高圆丘状，细胞形状相似，生长锥顶端分生组织细胞个体较小，排列紧密，细胞核大，染色较深，而下部的芽基组织细胞较大，核较小，排列疏松，不规则，芽基组织两侧分布着染色较深的维管组织。随着营养生长锥的生长和分化，不断产生新的叶原基。在当年生新梢上的冬芽含有 4～5 个叶原基时，由顶端分生组织分化出未分化原基，称为始原基。

（2）花序原基分化期。未分化原基可塑性强，环境适宜的情况下，顶端生长点体积逐渐扩大，顶端变平，后来产生一个突起，最终呈半球形，此突起是一个开始分化的花序原始体（花穗轴原始体），为花序开始分化的标志。随着突起增大，整个生长点内部结构分区明显，顶端部位及周围细胞排列紧密，并且细胞质浓、核大，而中央部分的细胞质已明显液泡化，核质比例小。后期花序原基的体积明显与生长点体积相近，其间产生叶原基。

（3）花序第二穗轴分化期。花序开始分化后很快在花序原基基部出现二级穗（成为小穗的原基）的卵形隆起，随着花序原基主轴的伸长，生成多个分枝原基和苞片原基，由此构成一个完整花序。

2. 形态分化阶段　通过生理分化阶段后，在芽轴的尖端或侧面能识别出花或花序原基，随后花器官的各部分如花萼原基、花瓣原基、雄蕊原基、雌蕊原基等陆续分化和生长，进一步发育构成完整的花器，这一阶段是花的形态分化阶段，又称为花芽形态建成或花芽发育阶段。

形态分化初期的生长点先变得圆滑肥大，向上隆起，呈半球形，以后生长点继续伸长增大，生长点范围内的原分生组织细胞下面是初生髓部，细胞大而圆，排列疏松。在隆起的半球形生长点上分化产生出 1～3 个突起，即为花蕾原基。顶端生长点伸长后变得宽而平坦，继而在周围产生突起，分化为萼片原基；随着萼片原基的分化及不断发育，在其内侧基部产生突起，为花瓣原基。花瓣原基内侧基部相继出现两轮突起，为雄蕊原基。雄蕊原基的内侧基部，花蕾原基底部中央向上突起，形成雌蕊原基。

（二）影响花芽分化的因素

花芽分化是一个十分复杂的过程，植物体内营养物质的积累、激素水平、外部环境及栽培条件都会影响花芽的分化。

1. 光照　光是影响花芽分化的最重要因素，光照对花芽分化的影响包括光质、光照度、光照时间 3 个方面。早在 1985 年 Morgan 等研究发现，红光/远红外光比例降低，导致葡萄的结实系数下降，认为光质对成花具有重要的影响。此外，紫外光具有钝化 IAA，抑制生长，诱发乙烯产生，促进花芽分化的作用。光照度能够影响植物的光合特性、光合产物数量和种类，从而嵌入花芽形成的多因子途径中调控成花。当光照度为全光的 1/4（39 000 勒克斯左右）时，其成花能力达到最高。有研究表明，随着光照度的依次减弱，玫瑰露葡萄的花序数、花序重降低，花序原基数随着光照度的增加而递增。光照时间对花芽分化也有很大影响，已有研究表明，日照时数与葡萄成花过程显著相关，在原始体形成之后，长日照可促进花序原始体的形成，而短日照则增加了二分枝原始体的持续时间，不利于花序原始体的形成。不同葡萄品种对不同日照长度的反应有所差异，多数葡萄在长日照条件下比在短日照条件下形成的花序原基数量多，美洲葡萄比欧洲葡萄对日照长度更为敏感，在长日照下形成的花序是短日照下的 3 倍。

2. 温度　温度通过影响光合反应中的酶体系来影响光合

速率，间接对花芽分化造成影响。很多研究表明，花芽数与气温呈正相关，未分化的原始体只有在温度较高的条件下才能形成花序原基，而在温度较低的条件下易于形成卷须。不同品种对温度需求存在差异，一般来说，多数葡萄栽培品种在 25 ℃时花序分化良好，而在 20 ℃条件下则分化不良，如白玫瑰和无核白在 20 ℃不能进行花芽分化，而在 30 ℃时最利于成花。花序原基形成的前 3 周是成花对温度最敏感的时期，在这个时期应对温度进行关注，使其最好能控制在 25～30 ℃范围内。

3. 水分　花芽分化期，适度的水分可以促进花芽分化，适当水分胁迫也会对花芽分化有一定的促进作用，这是因为适度干旱使营养生长受到抑制，碳水化合物易于积累，精氨酸增多，IAA、GA 含量下降，ABA、CTK 含量相对增多，利于花芽分化，但过度干旱则会导致碳水化合物积累不足，影响激素的代谢和运输以及矿质元素的吸收，从而抑制成花。而当土壤水分过多时，则葡萄植株徒长，花芽形态分化不良。

4. 矿质元素　早在 20 世纪初，就有 C/N 比学说的提出，许多研究表明，碳水化合物与花芽形成具有正相关性，在成花诱导期间，碳水化合物为线粒体的生长扩增所必需，其含量的增多可增加花序数目，而氮水平过高会导致花芽坏死。随着进一步深入研究发现，施氮肥可有效促进核酸、蛋白质及根部 CTK 的合成，适量的氮肥也可促进花芽分化。因此，氮肥对花芽分化有着双重作用，若氮肥不足，则蛋白酶和结构蛋白等合成减少，影响植物各项代谢反应，影响花芽分化，过量则使营养生长与生殖生长失衡，也难成花。

此外，磷、钾与植物代谢过程某些酶活性有关，磷是核酸、蛋白质及 ATP 的主要构成元素，在花芽分化过程中，磷、钾肥也起到了促进作用。有研究表明，在未形成花原基前施磷肥，大部分磷用于冬芽的核酸合成中，无核白在低氮、高磷及适度干旱时可增产，且叶柄中磷含量与产量呈正相关。施钾肥能够提高冬芽成花，增大花序原基的体积，提高花序数和质量，从而实现增产。

5. 栽培管理水平

（1）新梢摘心。摘心是葡萄夏季管理的重要工作，研究表明，新梢摘心后，夏花芽分化与其萌发生长速度具有正相关性，萌发速度越快，分化就越快。摘心也可加快冬芽分化速度，若抹除夏芽反复摘心，其分化速度更快。因此，适时摘心可缓和树势，促进营养物质积累，加快花芽分化。

（2）环剥。花芽分化是以营养生长和营养物质积累为基础的形态发育建成过程，需要积累足够的碳水化合物。研究表明，环剥能够控制树体过旺生长，协调营养生长和生殖生长间的关系，在短时间内可有效促进叶片和枝条中可溶性糖、淀粉及可溶性蛋白含量的积累，降低全氮含量，增大 C/N 比，促进成花量。因此在生产上，在葡萄花芽分化的关键期可对生长势较强的树进行环剥。

（3）枝条及叶幕的修整。在生产实际中发现，合理的枝条角度和叶面积系数对花芽分化有促进作用。葡萄新梢水平放置有利于花芽分化。对于生长势强的品种，适当增大枝条开张角度，可缓和树势，促进花芽分化。葡萄理想的叶面积系数为2.0～2.5，高于这一系数时，会造成田间郁闭，导致光合产物负增长，从而影响养分积累，不利于花芽分化，因此，在对葡萄进行管理时，新梢留量不宜过多，摘心不能过晚，且摘心后也要注意对新梢和副梢的管理。

6. 植物激素水平

（1）生长素。生长素（IAA）在葡萄发育过程中有重要的作用，生长素可减少花轴分枝及其长度，加快叶原基、花序原基的分化速度，增加花序数。生长素也可促进细胞分裂素的运输，间接影响成花。

（2）细胞分裂素。细胞分裂素（CTK）与花芽分化具有密切关系，从花序原基分化到花器官形态建成都依赖于 CTK，足够的 CTK 可促进始原基向花序原基转化，利于花芽分化。在栽培管理中常采取摘心或外施细胞分裂素类生长调节剂（如 BA，PBA）提高细胞分裂素含量，以促进花芽分化。

（3）赤霉素。不同浓度的赤霉素（GA）对葡萄花芽分化影响不同，表现为低浓度能促进花芽分化，而高浓度能抑制花芽分化，促进形成卷须。半球/平顶期是花序分化的关键时期，此期外施赤霉素会抑制花序原基分化。有试验表明，花芽分化好的品种，此期新梢内源赤霉素含量下降；而花芽分化不良的品种中内源赤霉素含量则比较稳定。因此，在花序分离期及初花期可采取摘心、喷施生长抑制剂等措施抑制营养生长，降低内源赤霉素含量。

（4）脱落酸和乙烯。目前，关于脱落酸和乙烯对花芽分化的影响研究较少，但也有研究表明，脱落酸会减少花序原基数目，而乙烯利具有控制新梢旺长，促进成花。由于花芽分化主要处于花序分离、开花及果实膨大期，在生长中这两种生长调节剂实用性不强。

（5）生长延缓抑制剂。生长延缓抑制剂可有效控制新梢旺长，促进枝条内部养分积累，有利于花芽分化。研究表明，矮壮素（CCC）抑制早期原基的形成和卷须的伸长，用 CCC 或丁酰肼处理，可明显促进花芽分化，摘心配合 CCC 处理，对成花有叠加效应。此外，尿嘧啶、咖啡因也可增加翌年的花穗数。

四、葡萄果实生长发育

葡萄果实生长发育实质是果实细胞分裂、体积增大及同化物不断积累的过程。以葡萄果实外观形态及成熟特性为标准，葡萄果实的生长发育进程分为绿果期、成熟发育期、采收成熟期、过熟期,每个发育进程都具有其固有特性和影响其变化的因素。

(一) 生长发育时期

1. 葡萄绿果期 从坐果到开始成熟这一阶段为葡萄绿果期,这一时期的葡萄果皮为绿色,果粒硬,含糖量保持在低水平,几乎稳定不变,且葡萄糖含量大于果糖,而总酸含量在整个发育阶段中最高。在这个时期,又表现为 3 个特殊增长阶段。

(1) 第一阶段。第一次快速生长期,此阶段从开花坐果开始直到第一次快速生长停止,是细胞分裂的旺期。特别是该阶段的前半期,即花后 5～10 天,果皮和种子都迅速增长,细胞分裂与细胞增大同时进行,果皮细胞分裂速度最快,使得果实体积不断增大。

(2) 第二阶段。果实缓慢生长期。果实生长速度减慢,种皮开始硬化,胚的发育速度加快。这一时期浆果含酸量较高,糖分也逐渐开始积累。

(3) 第三阶段。第二次快速生长期。这一时期主要进行细胞伸长和膨大,其果实体积和重量的增长量可能要超过第一阶段或与之相当。在这时期,果实中糖分迅速积累,含酸量持续下降,果实开始变软和着色。

2. 成熟发育期 这一阶段从转熟期开始持续到采收成熟期。从外观来看,这一时期葡萄果皮颜色开始改变,果粒硬度逐渐变小。绿色(黄绿—绿黄)葡萄品种的果皮绿色逐渐褪去,开始向黄绿色、绿黄色或黄色转变。红色和黑色(粉红—蓝黑)葡萄品种的果皮中叶绿素含量降低,花青素含量增加,不断着色。果肉中果糖和葡萄糖含量逐渐升高,二者比例近似为 1,且总酸含量下降,果肉质地逐渐变软。

3. 采收成熟期 当某一葡萄品种果实成分变化达到该品

种特定用途的理想状态时为采收成熟期。此时期并不代表果实发育的最后一个阶段，只是该果实达到满足其用途的状态。根据不同品种的不同用途，其采收成熟期不同。

4. 过熟期 在这一阶段中，果实已达到完熟，继续生长发育也不能进一步提高果实品质，甚至会降低果实品质。此期糖分不再积累，但酸度继续降低，抗机械损伤能力减弱，易遭霉菌侵染。浆果水分损失，导致果粒皱缩，有的品种在此期间落粒严重。

（二）生长发育变化

1. 可溶性固形物和糖的变化 在葡萄果实发育过程中，可溶性固形物含量呈上升趋势，尤其是第二生长阶段积累更快，到近成熟时趋于稳定。糖是葡萄果实生长发育的基本成分，与果实品质和口感关系密切，成熟时果实内以葡萄糖和果糖为主，二者在葡萄果实生长发育过程中变化趋势均表现为第一、二阶段含量较低，第三阶段积累量迅速增加，直至果实成熟期为止，且葡萄糖积累时间早于果糖。

2. 有机酸的变化 有机酸也是影响果实品质和口感的关键因素，葡萄浆果有机酸的主要成分是酒石酸和苹果酸。很多研究已证实，在果实发育的第一、二阶段内，有机酸不断积累，到第二阶段末或第三阶段初期，含酸量达到最高水平，之后则持续下降。从果实外观来看，从绿果期一直到转熟前期，果实内的有机酸不断积累，转熟后含酸量则持续下降，到成熟期含酸量最低。

3. 多酚物质的变化 据研究从开花坐果到果实成熟，葡萄果皮细胞中多酚物质含量变化非常显著。最初，含多酚物质和不含多酚物质的细胞呈嵌合状分布，而到花期前后，含多酚物质的细胞及多酚含量开始增多，特别在开花前，外果皮和中果皮细胞中都存在着大量的多酚物质，此后，随着果实的生长发育逐渐消失。到花后 26 天，除了外果皮的 7～8 层细胞外，其他所有细胞中的多酚物质都明显减少。到果实成熟时，细胞内的多酚物质逐渐向细胞壁靠近，细胞变得柔软多汁。

（三）影响生长发育的因素

1. 品种 早熟和晚熟品种的第一生长阶段长短几乎无差异，但早熟品种的缓慢生长期要比晚熟品种持续时间短，一般持续 1～2 周，后者持续 4～5 周。第三生长阶段晚熟品种也长于早熟品种。另外，与有核品种不同，无核品种几乎没有缓慢生长期，但也存在果实生长缓慢阶段，如无核白葡萄，虽然无明显的生长停滞期，但它的胚珠在花后略有增大，存在生长速率缓慢的现象。由此可知，一般无核葡萄品种进入成熟期较早，其缓慢生长期时间短也是主要因素之一。

2. 温度 温度对葡萄果实生长发育影响明显。有研究表明，玫瑰露葡萄在花后 1 周内，温度在 30 ℃以下，较高的夜温可促进果粒生长，花后 3～4 周，20 ℃左右的夜温最为适宜。有学者对品丽珠葡萄的第一阶段进行高温（昼/夜：35 ℃/30 ℃）处理，会缩短此生长阶段，果实生长量下降，若继续维持温度，会延长第二阶段，推迟第三阶段的开始。第一阶段采用中温处理时，第二阶段也会变短。各生长阶段温度不同，不仅影响本阶段的生长，也会影响其他阶段的生长，第一阶段生长状况很大程度上决定第三阶段中果实的膨大，相对第三阶段而言，第一、二阶段比第三生长阶段对温度更为敏感。

3. 水分 水分对葡萄果实生长发育期影响较大，其中第一生长阶段为最敏感的时期，若这个阶段水分条件充足，可促进果粒膨大，但若这个阶段处于水分胁迫下则会抑制生长，即使在第二生长阶段水分充足，果粒也不能长大。

4. 植物生长调节剂 外源植物生长调节剂不仅可以调节果实生长发育过程中内源激素的变化，也可以促进果实细胞分裂和细胞生长，达到果实膨大的效果。赤霉素类生长调节剂在葡萄生产中应用较广泛，尤其是赤霉酸，已有很多研究表明，赤霉素具有促进葡萄果实无核化和果实膨大的作用，能够提高内源赤霉素及生长素的含量；细胞分裂素类的生长调节剂具有促进细胞分裂和细胞增大的作用，可直接促进果实的生长发育，如吡效隆（CPPU）是苯基脲类细胞分裂素化合物，能够促进子房早期的膨大，子房壁的加厚和疏导组织的生长，还可以提高内源细胞分裂素的含量和提早合成，使幼果细胞层数增多，提早进入细胞分裂期；脱落酸对葡萄果实的重量影响不大，但可诱导乙烯合成，对果实的着色和风味有明显的改善作用；生长抑制剂对果实的生长发育也有促进作用，如多效唑、矮壮素、缩节胺等，均能够抑制营养生长，促进生殖生长，使更多的养分转移到果实的生长中，从而提高坐果率，利于果实生长。

五、葡萄花果管理技术

葡萄花果管理对葡萄生产的经济效益有很大影响，而且花果管理具有复杂性、特殊性，作业项目多，花果发育时期对外界环境反应敏感，时效性较强。同时，花果时期关系到葡萄树体各个器官的相互作用，在葡萄生产中需要协调管理，突出重点，做到各项管理技术相辅相成。

（一）萌芽前管理

葡萄生产上一般将萌芽前分为 3 个时期，分别为伤流前期、绒球期、萌芽期。从早春树液流动到绒球期这段时间称为葡萄的伤流前期，一般从发芽前 20 天左右开始，当土壤表层5 厘米处温度达到 8～10 ℃时，葡萄根系开始从土壤中吸收水分和营养物质，树体内液体开始流动，并发生一系列的生化反应。

1. 追萌芽肥 在萌芽前 1～2 周，气温稳定在 10 ℃，葡萄芽眼开始膨大时即可追肥。为保证葡萄芽眼正常萌发和新梢的迅速生长，需追施速效化肥。一般每亩施尿素 5～10 千克，或氮磷钾复合肥 15～20 千克，同时加施硼肥、硫酸镁各 1 千克。

在植株两侧开沟条施或全园撒施后浅翻。开沟或浅翻深度 15 厘米左右，以增强根系活动，促进新枝生长，从而提高果枝数和结果率。施催芽肥也要根据园地的土壤肥力和品种而定，园地土壤肥力较好的或冬季施足基肥的葡萄园，可不施或适量施用，如果基肥中施有磷肥的可以不施或少施磷肥，长势旺的品种或落花落果严重的品种可不施用。在晴天土壤温度适宜时进行中耕，中耕深度以 8～10 厘米为宜，以改善土壤通透性。

在此期只追肥，不要施基肥。在 2 月底至 3 月初给葡萄施基肥，会造成葡萄根系被切断，以后不易愈合，对植株水分、养分供应影响很大。

2. 灌萌芽水 浇灌萌芽水是确保葡萄"喝"饱"灌"足，以满足葡萄萌芽抽枝的需要。萌芽水视园地土壤的水分情况而定，干旱地区和地块的葡萄园或者大棚葡萄园，应及时灌萌芽水，灌水方式可以漫灌也可以滴灌。若园地土壤水分状况较好的，不灌或少灌水。

3. 清园与消毒 萌芽前清园与园内消毒的主要目的是防控、降低越冬病虫害基数，如介壳虫、绿盲蝽、白腐病、炭疽病等，以减轻生长季节的发生程度，具有十分重要的作用，务必引起高度重视。一般在果树萌芽前 5～7 天进行。埋土区出土后进行复剪的园区，要及早清除园内枯枝、落叶及树皮等，并集中烧毁，清除越冬病原菌和越冬代害虫。在绒球期，即芽已膨大，出现绒球但未见绿前，全园彻底喷一次 3～5 波美度的石硫合剂。绒球期也是绿盲蝽防治的关键时期，可使用毒死蜱等杀虫剂进行防治。

4. 破除休眠　据研究，葡萄冬芽在冬季经过 1 000～1 500 小时的低温期，才能解除休眠。南方地区以及北方大棚、日光温室等设施栽培的葡萄，因冬季休眠期低温量不够，会导致萌芽率较低，萌芽不整齐。葡萄冬季休眠期低温量不够的葡萄园，使用石灰氮或单氰胺涂结果母枝能使萌芽整齐，提高萌芽率，还能提早萌芽。

石灰氮价格较低。生产上一般用 1 份石灰氮兑 5～7 倍 70 ℃以上热水，浸泡 2 小时以上，搅拌均匀，沉淀后取其上部澄清液涂枝芽，要随配随涂。单氰胺浓度按有效成分 2% 左右，配好药液 2 天内用完。破芽催芽类产品按照相关说明使用。使用时要用小刷涂冬芽，余芽均要认真涂到，不宜用喷雾器喷施。三芽以上冬剪的枝条顶芽不涂抹，两芽冬剪的全部涂抹。涂芽后要及时浇一遍水保持湿润。否则降低效果，萌芽不整齐。石灰氮、单氰胺均有毒性，涂抹人员 1 周内不要饮用酒精类饮料，使用时皮肤不能接触，要做好防护措施，如沾上要立即用水冲洗，如感到不适，应及时就医。

（二）萌芽至花前期管理

葡萄从萌芽后到开花前这一时期经历的物候期多（表 4 - 1），持续时间较长，生长较为旺盛，需要进行的操作复杂繁琐，而且各种措施对开花影响较大，因此必须进行复杂细致的管理。

1. 抹芽　在萌芽时将无用的弱芽、畸形芽、多余的双生芽、三生芽、隐芽等抹去。这样有利于节省养分。抹芽时一般原则是去弱留强、去密留稀，还要注意去叶芽、留花芽，但老树上的潜伏芽不可全抹去，以培更新枝。

2. 抹梢　抹梢于花序显露时进行，每 7～10 天抹一次，定梢时完成。抹梢根据定梢量判断，抹除较密、较弱及生长不正常的新梢。

3. 病虫害防治 一些设施栽培由于湿度大和伤流现象等，在萌芽后就感染灰霉病，要及时防治，以免后期造成危害。

4. 肥水管理 新梢粗壮、卷须多且长的园区，应控水控肥，抑制徒长、缓和树势；新梢细弱、花序小的园区，说明树体营养不足，应适当供应肥、水，促进根系对营养物质的吸收，增强树势。

5. 防控倒春寒 葡萄园一旦发生倒春寒，对葡萄生产危害巨大。露地栽培葡萄预防倒春寒的危害，应做好防护工作，一般生产上主要有以下几种方式。

（1）涂白。这是比较常用的一种方法，早春对树干进行涂白，能有效减少树体对太阳能的吸收，使树体温度回升缓慢，推迟芽体萌动。生产上一般用生石灰 10 份，水 30 份，石硫合剂原液 1 份进行配制，使用时现配现用。

（2）灌水。对园区进行灌水，能明显降低地温，起到推迟葡萄萌芽和开花的作用。

（3）喷药。在葡萄萌芽前，用 0.25%～0.5%的萘乙酸钾盐溶液喷洒树枝，能抑制花芽萌动，提高抗寒能力。还可结合对病虫害的防治，适时向树冠喷洒低浓度的食盐水，这样既可以防止病虫害又能有效地减轻花芽的冻害。

（4）喷施肥料。在冻害来临前，对萌芽期果树喷施0.2%～0.3%的磷酸二氢钾水溶液，可以增强树体抗寒性，从而减轻冻害。

（5）防风。在园区的风口处设立防风屏障，能使树体免受或少受倒春寒及晚霜等恶劣气候的侵袭，减少葡萄植株冻害的发生。

6. 新梢摘心

（1）摘心时期。一般情况下，自开花前 1 周至始花期均可进行，但以见花前 3～4 天为最佳摘心时间。坐果率低的品种如巨峰系品种，应适当早摘；坐果率高的品种如红地球、红宝石无核等，以及一些保果处理的品种，可适当晚摘，甚至直到坐果后再进行摘心。

（2）摘心程度。在摘心适期，摘除小于正常叶片 1/3 大小的幼叶或嫩梢。这一标准对任何品种均适用。因为当叶片长到 1/3 大小时，制造的光合产物除满足自身需要外，还可供应其他组织；而小于 1/3 的幼嫩叶片，本身制造的营养物质少于其消耗的养分，需要其他叶片制造的养分来补充，则与花序坐果争夺养分。所以摘心时间应为在花前 3～5 天或于初花期摘除小于正常叶片 1/3 的幼嫩叶片。

（3）摘心方法。摘心程度要恰当。在营养枝上摘心时应该保留 6 片左右的枝叶，在结果枝上摘心时一般保留花序以上 4～6 片叶。生产中可采用"8＋3＋4 叶"摘心（剪梢）模式。

（4）摘心注意事项。理论上是摘心越强，坐果越好，但摘心过强会引起叶面积不足，反而会刺激新梢急速生长，对植株生长发育不利。巨峰系品种树势过强及篱架栽培旺长树，容易产生落花落果，但不宜过早、过强摘心，因为不正确的摘心反而会打乱植物体内的激素平衡，造成落果、大小粒、穗形不整齐等问题严重。建议直接采用调节剂保花保果，同时花前均不摘心，在花后剪梢。另外可适当稀植，扩大树冠，减少氮肥，增大架形开张角度，选用棚架架形等缓放树势。因此对生长势强的品种或新梢，只将新梢先端未展叶部分的柔软梢尖掐去即可。

7. 定枝　定枝是在新梢长到一定长度，可看出有无花序并能分清强弱时，确定该留下的新梢。葡萄的定梢量既要保证足够的新梢留量，又要保证通风透光，定枝需掌握"四多、四少、四注意"。四多：土地肥沃、肥水充足、树势健壮、架面较大的葡萄应多留枝。四少：土地瘠薄、肥水较差、树势衰弱、架面较小的葡萄应少留枝。四注意：注意新梢均匀分布，以每15~20厘米留一个新梢为宜；注意多留壮枝、双穗枝和花序大的枝；注意留老蔓光秃部位萌发的隐芽枝以填空补缺；注意选留健壮萌蘗作为老蔓更新的预备蔓。

8. 绑蔓 绑蔓时要根据叶片大小确定定梢间距。大叶型葡萄品种如阳光玫瑰、醉金香、夏黑、早夏无核、藤稔等，按新梢间距20厘米左右定梢，亩定梢量约2 500条。中叶型葡萄品种如户太8号、巨峰、鄞红、燎峰等，梢距18厘米左右，亩定梢2 800条左右。小叶型品种如维多利亚、金手指、红地球、美人指、圣诞玫瑰、翠峰等易日灼的品种，梢距16厘米，亩定梢3 100~3 300条。

9. 抹除副梢 葡萄摘心后，由于营养回缩，副梢开始生长很快，一般对结果枝花序以下的副梢全抹去，花序以上的副梢及营养枝副梢可留1片叶摘心，延长副梢（新梢顶端1~2节的副梢）可留3~4或7~10片叶摘心（视棚架大小长短而定），以后反复按此法进行。注意对强势新梢的副梢处理同样不宜过重，尽量及时轻摘心，已展开多片叶时，也只掐梢尖，为避免郁闭，必须经常性地处理副梢。副梢应当分批抹除，一般在剪梢5天后开始抹除副梢（抹副梢与剪梢要间隔5天以上，避免冬芽逼发），先抹除果穗下部副梢，5天后再进行一次，逐步分批次抹除副梢。

10. 疏花序 为了控制产量、提高果实品质，应适当疏穗。双穗果枝一般疏除上部果穗，下部果穗弱于上部果穗时，也可疏除下部果穗保留上部果穗。细弱枝条及时疏除果穗。

11. 花序拉长 一些使用植物生长调节剂保果或无核化处理的品种如夏黑、早夏无核、醉金香等，以及部分坐果率高、果梗较短、果粒着生紧密的葡萄品种，疏果会耗费大量人工、时间，且疏果不到位还会使果粒相互挤压，穗型不规则，果粒大小不均匀，影响了果穗的外观。为解决这个问题，常对这些品种的花序进行拉长处理，使果串松散、果粒均匀，提高果实的商品价值。

（1）花序拉长时间。一般是在花序分离期，即见花前15天左右、花序长度7～15厘米（平均10厘米）时是拉花的适宜时期。拉花过晚或当花序长度超过15厘米时再处理，拉长效果不明显。

（2）花序拉长方法。花序长度7～15厘米时使用4～5毫克/升赤霉酸（GA_3）均匀浸蘸花序或喷施花序（加入洗洁精），或使用奇宝，1克奇宝兑水40～50千克，溶解混匀后均匀浸蘸花序一次（整株喷施会造成叶片变薄、光合能力弱，不提倡整株喷施），可拉长花序1/3左右。

（3）花序拉长注意事项。坐果后果粒较紧密的品种可拉长花序，如夏黑、早夏无核、高妻、寒香蜜、金星无核、金锋、无核白鸡心、早熟红等。一些进行保果栽培的品种，如京亚、醉金香等也可拉长花序。另外，像欧美杂种花序很小的园区也可进行拉穗。一些品种不宜拉穗或不必拉穗，如坐果性能不好的品种巨峰；果穗分枝松散型的里扎马特；坐果后果穗不紧密的品种，如奥古斯特、维多利亚等。多数欧亚品种不宜拉长花序，如红地球、红宝石无核用赤霉酸处理花序，易产生小青粒。阳光玫瑰、金手指葡萄不必拉长花序。其他品种，是否适合花序拉长，应先进行试验，试验成功以后方可大面积使用。

花絮拉长一般不宜过早或离花期太近，否则可能出现严重的大小粒现象。进行花序拉长时，赤霉酸浓度不宜过高，否则会引起果穗畸形。一些有核品种进行无核化处理的果穗，后期膨大后果粒较紧，也可先进行拉穗处理。

12. 花序整形　葡萄花序整形可以有效调控葡萄果穗大小、形状，使之标准化，还可以提高果实坐果率、增大果粒及调节花期一致性，减少疏果用工。花序整形时可以根据不同品种选择不同方法。巨峰系品种普遍结实性较差，不进行花穗整理容易出现果穗不整齐现象。日本对巨峰系品种的要求是成熟果穗呈圆筒形，穗重 400～500 克，目前我国巨峰系标准的整形方式也主要参考日本技术。具体方法：在见花前 1 周至见花期，去除花序穗尖极少部分（0.5～1 厘米），由下往上计数，保留中间 15～20 小穗，再往上的副穗及大分枝全部去除（图6-4）。如果花穗很大，花芽分化良好，也可不去穗尖，直接保留下部 15～20 小穗。这样整形后所留花序长 5～6 厘米。

夏黑葡萄、早夏无核、8611 等品种果重 500～600 克，留穗尖 5～6 厘米。巨峰、巨玫瑰等品种果穗重 500～600 克，留穗尖 5 厘米左右。藤稔、醉金香、阳光玫瑰等品种果穗重 700～800 克，留穗尖 6 厘米左右。红地球葡萄果穗重 800～1 000 克，留穗尖 12 厘米左右。

图 6-4　留穗尖整形方式

13. 促进坐果　常用的生长延缓抑制剂有：甲哌鎓、多效唑、矮壮素以及调环酸钙等。在花前 2～3 天至见花时，使用 500～750 毫克/升的甲哌鎓整株喷施并结合配套栽培管理措施，可抑制葡萄枝条旺长，提高巨峰、巨玫瑰、醉金香、户太 8 号、鄞红等品种的坐果率，代替专用保果剂的使用，降低果

皮变厚、发涩的风险。

14. 喷施叶面肥　花前使用叶面肥可提高叶面厚度，增强光合效率，促进花序发育，建议喷施 2～3 次叶面肥，如 0.2%～0.3% 的磷酸二氢钾。

（三）开花至坐果期管理

1. 有核品种无核化　葡萄无核化栽培是通过良好的栽培技术与葡萄无核剂处理相结合，使原来有籽的大粒葡萄果实的种子软化或败育，使之达到大粒、早熟、无核、丰产、优质、抗病的目的。

无核化的药剂处理分两次进行，首次处理的目的是诱导无核果产生，是该技术的核心，主要由主剂、辅剂、浓度及处理时间等若干因素组成。赤霉素（GA_3）始终是诱导无核果产生的主剂。为增加效果在赤霉素中添加的辅剂有防落素（促生灵，4 - CPA）、6 - 苄基腺嘌呤（6 - BA）、氯吡脲（CPPU）、链霉素（SM）等。GA_3 诱导产生无核果的浓度，玫瑰露、马奶子等为 100 毫克/升，玫瑰香为 50 毫克/升，先锋与巨峰等四倍体葡萄以 12.5～25 毫克/升为宜。添加链霉素的浓度为 100～200 毫克/升，氯吡脲为 1～5 毫克/升。处理时间，马奶子葡萄在花前 8～9 天，巨峰在盛花期，先锋在盛花末期。药剂使用方法宜采取浸蘸整个果穗，不宜喷洒施药。

2. 保花保果　葡萄开化前后遭遇高温、低温或花期遇雨，授粉受精会受到影响，导致葡萄坐果率偏低，达不到丰产要求。另外，葡萄品种不同，坐果率也有差异，特别是巨峰系葡萄和一些三倍体无核葡萄，坐果率较低，达不到生产要求。对于坐果率偏低的品种以及遭遇不良天气影响坐果的葡萄常需要使用植物生长调节剂来提高坐果率，增加产量。

使用植物生长调节剂保果时，主要采取药剂浸蘸果穗和喷施果穗，因赤霉素和氯吡脲在葡萄果穗内的移动性慢，否则容易产生小果或青果。严格按照规定浓度使用，否则易产生药害。药剂不能和碱性肥料、农药混合使用。避开高温和阴雨天处理。露地栽培若在处理后 6 小时内降雨，需酌情再处理一次。

在使用调节剂促进幼果生长时，要注意选择杀菌剂，以免影响促长效果。如丙环唑、三唑酮等在幼果期使用，对幼果生长有明显的抑制作用，生产中可用咪鲜胺或咪鲜胺锰盐、异菌脲等具有同等功效的药剂代替。代森锰锌在葡萄坐果后使用，很容易在幼果表面产生如黑痘病样的斑点，造成对幼果的伤害，可用安可等代替或避开这个时期用药，以达到提高葡萄品质的要求。

3. 花后叶面肥　建议喷施 3 次以上叶面肥（套袋会影响果实对钙的吸收，喷施可在植株体内移动的钙肥可提高果实硬度，改进果实品质，减轻水灌病发生）。

4. 定穗整穗　坐好果即可定穗，也就是在谢花后 1 周开始定穗，定穗宜早不宜晚，按定穗计划定穗。要一次定穗，不宜多次定穗。每亩定梢 2 500～3 000 条，定穗一般不超过 2 200 穗，5 条枝蔓留 4 穗或 3 蔓留 2 穗。剪除穗形不好、开花晚、果粒呈淡黄色的果穗。定穗后剪除过长穗尖。如夏黑剪留 16～18 厘米穗长，果穗成熟时长 22～25 厘米，宽 13～15 厘米。

5. 及时疏果　葡萄果粒似黄豆粒大小时开始疏果。通常与疏穗一起进行，对大多数品种在坐果稳定后越早进行疏粒越好，增大果粒的效果也越明显。但对于树势过强且落花落果严重的品种，疏果时期可适当推后；对有种子果实来说，由于种子的存在对果粒大小影响较大，最好等落花后能区分出果粒是否含有种子（大小粒分明）时再进行为宜，比如巨峰、藤稔要求在盛花后 15～25 天完成这一项作业。每穗留 50 粒左右（巨峰、藤稔等）、60～80 粒（阳光玫瑰、红地球等）、90～110 粒

（夏黑、巨玫瑰等）。成熟果穗松紧适中，一般穗重500～1 000克（平均750克）。确定每穗的最终果粒数，具体标准见表6 - 1。完成疏果后，应该及时喷施一次杀菌剂，减少疏果时剪口感染病菌。加强园区的肥水管理，疏果后，葡萄将进入第一次膨果期，要重视膨果肥的使用。

表6 - 1　疏果粒的标准

品种类型		每穗果粒数	果穗重（千克）
有核品种	小果穗品种（如90 - 1、郑州早玉、超保、维多利亚等）	40～50	0.5
	中果穗品种（如维利亚、粉红亚都蜜、金手指等）	50～80	0.75
	大果穗品种（如里扎马特、红地球等）	80～100	1.0
无核品种	小果粒品种（单粒重≤4.0克）	100～150	0.5
	大果粒品种（单粒重≥4.0克）	90～120	0.5

6. 控制负载　每亩产量一般不超过1 500千克，负载量过高会影响果粒大小、含糖量、着色和成熟期。

（四）果实膨大至转色前管理

1. 果实膨大　消费者对大果粒葡萄的追求促使鲜食葡萄向大粒化发展。除育种途径和栽培管理措施之外，植物生长调节剂的合理应用也是一条有效途径。利用植物生长调节剂促进葡萄果粒增大，由于成本低、效果好，深受许多葡萄种植者的喜爱，目前在巨峰、藤稔、红地球等有核葡萄以及无核白、夏黑等无核葡萄品种上都有应用，但切记一定要科学合理使用植物生长调节剂，不要盲目使用，更不要滥用，否则果粒大太，会造成果梗粗硬、果实脱落、裂果、含糖量下降、着色不一致、成熟期推迟、品质变劣等，得不偿失。生产中常用的果实增大剂及使用方法如下。

（1）赤霉素（GA$_3$）。在无核葡萄上使用 GA$_3$，一般均采取花后一次处理的办法，浓度通常为 50～200 毫克/升，使用的适期在盛花后 10～18 天。三倍体葡萄促进坐果用一次，为增大果粒要再用一次，与首次间隔 10～15 天，浓度为 25～75 毫克/升。有核葡萄也可用 GA$_3$ 增大果粒，尤其在巨峰系葡萄品种上使用较多，时间在花后 12～18 天，浓度通常为 25 毫克/升。

（2）奇宝。红地球葡萄于花后果粒横径约 4 毫米和 12 毫米时各使用奇宝 20 000 倍液（每克加 20 千克水）浸蘸和喷施果穗一次，可以显著促进果粒膨大，配合叶面肥和生长素、细胞分裂素使用，效果更好。其他葡萄品种使用方法可参考 GA$_3$。

（3）氯吡脲。氯吡脲对葡萄浆果膨大有显著作用。与 GA$_3$ 相比，其特点是促进浆果增大的效果更显著，使用浓度较低，不易产生脱粒现象。其使用浓度一般为 2～10 毫克/升。处理时间一般在花后 7～15 天。氯吡脲使用浓度不宜过高，否则易产生成熟延迟、着色不良、含糖量下降等副作用。与 GA$_3$ 混合使用有提高效果、降低使用浓度、延长处理适期、减少副作用的效果。通常葡萄上以 1～5 毫克/升吡效隆混合 25 毫克/升 GA$_3$ 处理，在增大果实的同时，果形变短的副作用较轻。

（4）噻苯隆。噻苯隆同氯吡脲一样，也是一种细胞分裂素，葡萄坐果后喷施或浸蘸果穗可显著增大果实体积，使用方法同氯吡脲。

（5）赤霉素、氯吡脲、链霉素（SM）复合增大剂。赤霉素与氯吡脲或噻苯隆以复配的方式来膨大葡萄是目前常用的方法。例如，花后 10 天使用赤霉素 25 毫克/升加氯吡脲 2～5 毫克/升加链霉素 200 毫克/升处理无核白鸡心葡萄果穗，膨大效果好于单独使用赤霉素，链霉素可减少果蒂增粗、降低果柄木栓化。

（6）膨果产品。生产上常用的果实膨大产品主要有以下几种。

①红提大宝。是中国农业科学院郑州果树研究所研制的红地球葡萄专用生物源果粒增大剂，为绿色无公害葡萄生产所允许。使用方法是将 1 包 A 剂和 1 包 B 剂溶于 10～15 升水中，于花后 20 天左右，果粒横径介于 12～18 毫米时浸蘸或喷施果穗 1～2 次。使用红提大宝结合配套的栽培管理措施，可显著增大红地球葡萄的果粒，一般可使果粒增大 2 克以上，比对照增加 20％以上，并且品质不下降，成熟期基本不推迟，果梗硬化不明显。

②赤霉酸大果宝。夏黑在果实膨大期（在见花第 22～24 天），使用农硕牌赤霉酸大果宝，1 包对水 10 千克，均匀浸蘸或喷施果穗一次，可显著促进果实膨大。

③噻苯隆。巨峰系品种在果实膨大期，可使用农硕牌噻苯隆，1 包对水 7.5 千克，均匀浸蘸或喷施果穗一次，可显著促进果实膨大。

2. 及时套袋　果实膨大处理后，及时套透光率高的优质果袋，可以有效地防病、防虫、防尘、防蜂、防鸟，并保证果穗美观。

（1）套袋时间。一般在 6 月中下旬进行，具体套时应根据品种物候期和天气情况，选择最佳时间。一天中宜在上午 8～10 时、下午 4 时以后进行套袋。

（2）套袋方法。套袋前，全园喷一遍苯醚甲环唑、嘧菌酯、戊唑醇等杀菌剂，重点喷布果穗，药液晾干后再进行套袋。将袋口端 6～7 厘米浸入水中，使其湿润柔软，便于收缩袋口，提高套袋效率，并且能将袋口扎实扎严，避免病源、害虫及雨水进入袋内。套袋时，先用手将袋撑开，将两底角的通气放水口张开，使纸袋整个鼓起，然后将整个果穗全部套住，穗梗置于袋口中部，再从袋口两侧向中间折叠，两侧折叠到中部一块儿后，再用一侧的封口丝紧紧扎住。

3. 施膨果肥 葡萄果实膨大期建议分两次施入氮磷钾各为 15～20 千克/亩的三元素复合肥，每次施入普通复合肥15～20 千克/亩或水溶肥 5～6 千克/亩，促使果实膨大，提高果实品质。

4. 主干环剥 果实膨大初期进行主干环剥可使果粒增大5％～10％；硬核期进行主干环剥可改善着色、提高含糖量、改进品质以及提早成熟等。环剥宽度不要超过主干径粗的 1/5，不要伤及木质部，剥后封口浇水，弱树不可环剥。

（五）转色至成熟期管理

果实转色至成熟期管理技术的关键是促进果实着色、增糖、提高果实品质。

1. 重视钾肥 葡萄有"钾质植株"之称，需钾量较大，硬核期和着色期分两次施入硫酸钾，每次施入 15～20 千克/亩，可改善着色，提高含糖量，改进品质，提高植株抗性。葡萄浆果软化后，叶面喷钾肥，能促进浆果着色均匀，提早成熟。可在浆果期每亩施 30 千克硫酸钾的基础上，每隔 7～10天叶面喷施 1 次 0.3％的磷酸二氢钾或 3％～5％的草木灰浸出液。

2. 摘除基叶 果实临近成熟，果实周围的叶片老化，光合作用降低，所以适当摘除结果枝基部老叶片，不仅不影响果实的成熟，还会增加果实表面的光照和有效叶面积的比例，有利于树体的养分积累，加快浆果成熟。但摘叶不宜过早，以采收前 10 天为宜，但如果采取了利用副梢叶技术，则老叶摘除时间可提前到果实始熟期。

3. 解袋转果 一些不易着色的品种，为了促进着色，可在采收前 10 天左右去袋，并适时转动果穗充分接触阳光。红地球等红色葡萄品种的着色程度因光照的减弱而降低，采收前 20 天左右需要去袋。葡萄去袋后一般不再喷药，但要注意防止金龟子的危害。

去袋时为了避免高温伤害，摘袋时不要将纸袋一次性摘除，先把袋底打开，使果袋在果穗上部戴一个帽，以防止鸟害及日灼；摘袋时间宜在上午 10 时以前和下午 4 时以后，阴天可全天进行。

4. 化学调控

（1）ABA（S-诱抗素）。ABA 能促进果实内花色苷含量的提高，促进果实着色和成熟，在果实刚开始着色时使用，浓度一般为 50～200 毫克/升，如使用过多会使果皮色泽发暗不艳，影响外观。

（2）果实美＋包果优。在果实着色初期使用台湾产果实美 300 倍液＋包果优 1 000 倍液喷施果穗能显著促进着色，提高品质。

（3）乙烯利。在葡萄果实进入成熟期时，果实内乙烯含量较少，在此时喷施乙烯利，能促进着色并加速果实成熟。在果实刚开始着色时，常使用 200 毫克/升的乙烯利喷施或浸蘸果穗，可促进着色及提早成熟 7 天左右。一般使用浓度不高于 300 毫克/升，否则会造成严重落果、着色不良、裂果等不良反应。

（4）正二氢茉莉酸丙酯（PDJ）。于葡萄着色初期用 50 毫克/升的 PDJ 均匀喷施叶片，可促进葡萄着色，提早成熟 1 周以上，改善品质，与 0.25～0.5 毫克/升的芸薹素内酯混合使用促进成熟、增糖降酸的效果更好。

第七章
葡萄病虫害防治

葡萄在全年的生长过程中，容易受到各种生物的（如病毒、细菌、真菌和害虫）以及非生物的（如冻害、干旱、盐碱、营养不良或过剩、化学物质等）因素的胁迫危害，影响葡萄的正常生长和果实品质。在很多地区病虫害防治是葡萄能否种植成功的主要因素。因此，在葡萄生长过程中要做好对各种病虫害、不良环境、非正常农事作业的预防工作。

一、葡萄病虫害的综合防治

葡萄病虫害是一种自然灾害，直接影响葡萄的产量、品质和市场供应。近年来，由于葡萄生产迅速发展，病虫害种类相应增多，发病规律也较复杂，特别需要注意病虫害防治工作。在实际防治过程中，常采取广谱化学农药，使病原微生物、害虫产生抗药性，杀伤天敌的同时也对环境造成了污染。在综合防治中，要贯彻"预防为主，综合治理"的植保工作方针，以农业防治为基础，因时因地制宜，合理运用化学农药防治、生物防治、物理防治等措施，经济、安全、有效地控制病虫害，来达到提高产量、质量，保护环境和人民健康的目的。

（一）植物检疫

预防病虫害的最好办法是防止危险性的病原、害虫进入未曾发生的新区。植物检疫是防止病虫害扩散传播的主要技术措施。对进出口和国内地区间调运的种子、苗木、接穗、种条和农产品应进行现场或产地检疫，以便发现带有病源、害虫的材料，在到达新区以前或进入新区分散以前进行处理。如设立观察圃、进行隔离观察，严禁从疫区调运已感病或携带病源、害虫的种子、苗木、接穗、种条和农产品。发现检疫对象应及时扑灭。通过检疫，有效地制止或限制危险性有害生物的传播和扩散，对阻止各地未曾发生的植物病虫害的侵入，起着积极作用。如葡萄根瘤蚜、美国白蛾和葡萄癌肿病都是我国主要检疫对象，到目前为止，我国对这些危险性病虫害控制效果较好，没有造成大面积危害。

（二）农业措施

1. 保持果园清洁　做好果园清洁是消灭葡萄病虫害的根本措施。要求在每年春秋季集中进行，并将冬剪剪下的枯枝叶，剥掉的蔓上老皮，清扫干净，集中烧毁或深埋，减轻翌年的危害。在生长季节发现病虫危害时，也要及时仔细地剪除病枝、果穗、果粒和叶片，并立即销毁，防止再传播蔓延。

2. 改善架面通风透光条件　葡萄架面枝叶过密，果穗留量太多，通风透光较差，容易发生病虫害。因此，要及时绑蔓摘心和疏除副梢，创造良好的通风透光条件。接近地面的果穗，可用绳子适当高吊，以防止病虫危害。

3. 加强水肥管理　施肥、灌水必须根据果树生长发育需要和土壤的肥力决定。施用有机肥或无机复合肥，能增强树势，避免氮肥过多、磷钾肥不足、土壤积水或干旱而加重病虫害发生；地势低洼的果园，要注意排水防涝，促进植株根系正常生长，有利于增强树体抗逆性。

4. 深翻和除草 结合施基肥深翻，可以将土壤表层的害虫和病菌埋入施肥沟中，以减少病虫来源。并要将葡萄植株根部附近土中的虫蛹、虫茧和幼虫挖出来，集中杀死。

（三）选育抗病虫品种

生产上应用抗性品种是防治病虫害最经济有效的方法。抗病虫品种间杂交培育抗性较强的品种效果更为明显。近年来，生产上栽培的葡萄品种康太，就是从康拜尔自然芽变中选育出来的，它不仅能抗寒，而且对霜霉病和白粉病抗性也较强；从日本引进的欧美杂交种的巨峰品种群，抗黑痘病、炭疽病能力也较强，很受栽培者欢迎；还有从国外引进抗根瘤蚜和抗线虫的葡萄砧木，通过无性嫁接培育出的葡萄苗木，也能达到防止葡萄根部病虫害的目的。

（四）生物防治

生物防治是综合防治的重要环节。主要包括以虫治虫、以菌治菌等。其特点是对果树和人畜安全，不污染环境，不伤害天敌和有益生物，具有长期控制的效果。目前，在葡萄生产上应用农抗402生物农药，在切除后的癌肿病瘤处涂抹，有较好防治效果。抗霉菌素120是中国农业科学院近年来研究的一种新型抗菌素，其中120A和120BF可以作为防治葡萄白粉病较理想的生物药剂，并且对葡萄黑痘病也有较好的疗效。另外，自然界中害虫有很多天敌，保护环境，利用天敌防治果园中害虫是当前不可忽视的生物防治工作。

（五）物理防治

物理防治是指利用果树病原、害虫对温度、光谱、声响等的特异性的反应和耐受能力，杀死或驱避有害生物的方法。如生产上栽培的无病毒葡萄苗木，常采用热处理方法脱除病毒。据报道，苗木在 30 ℃条件下处理 1 个月以上则可以脱除黑痘病。又根据一些害虫有趋光性的特点，在果园中安装黑光灯诱杀害虫，应用较为普遍，防治效果也较好，但要尽可能减少误诱害虫天敌的数量。

（六）化学防治

应用化学农药控制病虫害发生，是目前果树病虫防治的必要手段，也是综合防治不可缺少的重要组成部分。尽管化学农药存在污染环境、杀伤天敌和残留等问题，但也具有其他防治方法不能代替的优点，如见效快、效果好、广谱、使用方便、适于大面积机械作业等。

二、葡萄病害的识别与防治

病害防治最好的办法是提前预防。然而在生产上做到预防是比较困难的，除了管理措施不能及时跟上外，最重要的是不能及时对病害进行识别。各种葡萄病害发病有着一定的规律，认识其基本特征后，对葡萄病害的预防及防治会起到事半功倍的效果。

（一）果实病害

1. 葡萄白腐病

（1）症状。葡萄白腐病主要危害果穗、枝条和叶片。果穗感病，在小果穗或穗轴上出现水渍状浅褐色病斑，随后逐渐蔓延到果粒。果粒发病后出现水渍状灰白色或浅褐色病斑，病部迅速向外扩展，几天内使整个果粒变软，但果形不变，后期果粒表面密生灰白色的小粒点，为病菌分生孢子器。病果挂在树上逐渐皱缩、干枯，成为有明显棱角的僵果。穗轴、果梗也因病失水萎缩。枝条染病，多出现在枝条受损伤的部位，如新梢摘心处、采后的穗柄着生处、根部发出的萌蘖枝等部位。初发病时，病斑呈水渍状淡褐色，逐渐扩展成暗褐色不规则形凹陷大斑，随后病部表面密布灰白色小粒点，以后病斑中部明显缢缩，使整个病部表皮衰弱或死亡，并纵裂呈乱麻状，上端病健交界处产生愈伤组织而变粗或呈瘤状，秋天病部以上叶片因衰弱变红或变黄，严重发病时枯死。叶片染病，多在叶尖或叶缘处开始，初呈水渍状淡褐色至褐色圆形或不规则形病斑，逐渐向叶片中部蔓延，并形成深浅不同的同心轮纹，干枯后病斑易破碎。天气潮湿时病部长出白色小粒点，即病菌分生孢子器。

（2）发病规律。病菌主要以分生孢子器、分生孢子和菌丝体在病残组织和土壤中越冬。僵果上子座组织，对不良环境条件有很强的抵抗力，如僵果没有腐烂，这些病菌可存活4～5年之久；分生孢子在土壤中也能存活1～2年，葡萄园每克土中可存有300～2 000个分生孢子，且以地面及土表20厘米内的孢子量最多。越冬后的病组织于春末夏初，温度升高又遇雨后，可产生新的分生孢子器及分生孢子，借雨滴溅散或昆虫携带传播，通过伤口及果实的蜜腺或直接侵入果穗、枝梢，完成初侵染。发病后，病部再产生新的分生孢子器和分生孢子，通过雨滴溅散或昆虫媒介传播，在整个生长季可进行多次再侵染。不同品种对葡萄白腐病的抗性有明显差别，抗性较强的品种如甬优1号、夏黑、京亚、双冠等品种；而美人指、巨玫瑰、醉金香等品种感病。

葡萄白腐病的发生流行与高温高湿的气候条件有密切关系，在13～40 ℃范围内，病菌分生孢子均可萌发和侵入，并以26～30 ℃时萌发率最高。孢子的萌发需要92%以上的相对湿度，在饱和湿度条件下萌发更好。在最适宜的温湿度条件下，病害的潜育期仅3～4天。因此，在我国北部葡萄主产区，

7～8月高温多雨、田间湿度大，特别是遇暴风雨或冰雹后，常引起白腐病的发生与大流行。

肥水供应不足、管理粗放、其他病虫害防治不力、病虫及机械损伤较多的果园，白腐病发生较重。地势低洼，土质黏重，排水不良，土壤瘠薄，杂草丛生，果园郁闭，清园及田间卫生搞得不好、结果部位过低亦利于白腐病的发生。

此外架式和架向与发病亦有一定关系，立架式比棚架式发病较重，东西架向比南北架向病重。

（3）防治方法。选用抗病品种，甬优1号、夏黑、京亚、双冠等抗白腐病品种；清除病源，生长季及时清除树上和地面的病穗、病粒和病叶等，集中深埋，秋季落叶后，彻底清除园内病蔓、病叶、病穗等病残组织；加强栽培管理，结合修剪和疏花疏果，合理调节植株负载量，并提高结果部位到40厘米以上。

发病重的地区采用棚架式，提倡采取避雨栽培、果穗套袋及地面地膜覆盖等技术；及时绑蔓、摘心、除副梢和疏叶，创造通风透光环境；增施有机肥、叶面追肥、中耕除草。萌芽期，向树上和地面喷3％～5％的石硫合剂，或用福美双500克、硫黄粉500克、碳酸钙12千克，地面撒混合药粉15～30千克/公顷；生长期，一般从4月下旬开始，间隔10天左右喷一次药，可选用下述药剂：10％苯醚甲环唑水分散粒剂1 000～1 500倍液、40％氟硅唑乳油8 000～10 000倍液、10％氟硅唑水乳剂2 000～2 500倍液、10％氟硅唑水分散粒剂2 000～2 500倍液、250克/升戊唑醇水乳剂2 000～2 500倍液、10％戊菌唑乳油2 500～5 000倍液、60％咪唑代森联水分散粒剂1 000～2 000倍液、250克/升嘧菌酯悬浮剂833～1 250倍液、50％苯菌灵可湿性粉剂1 500倍液、70％甲基硫菌灵1 000倍液、80％多菌灵可湿性粉剂800倍液、75％百菌清可湿性粉剂600～800倍液、80％代森锰锌可湿性粉剂500～800倍液、50％福美双可湿性粉剂 600～800 倍液等。

2. 葡萄炭疽病

（1）症状。主要危害果实，也可危害果枝、穗轴、叶柄及嫩梢。果实染病，初为紫褐色圆形或不规则形斑点，扩大后变为褐色或黑褐色凹陷病斑。潮湿条件下，病斑上可产生大量橙红色黏稠状物，此为病菌的分生孢子团。严重时，病斑迅速扩展至整个果面，致果粒几天内腐烂，脱落或挂在树上干缩成黑色僵果；果枝、穗轴、叶柄及嫩梢发病，产生紫褐色至黑褐色椭圆形或不规则短条状的凹陷病斑，空气潮湿时，病斑上亦有橙红色分生孢子团。

（2）发病规律。病菌主要以菌丝体潜伏在一年生枝蔓表皮、叶痕等部位越冬，或以分生孢子盘在枯枝、落叶、烂果、穗轴、卷须等组织上越冬。第二年在适宜环境条件下越冬病源产生分生孢子，借风雨或昆虫等传播，经皮孔、气孔、伤口或直接入侵幼果，被侵幼果一般不立即发病，而是潜伏到果实开始着色，抗性下降后才发病完成初侵染。随后产生新的病源对果实进行多次再侵染。病菌也可侵染嫩枝表皮或叶痕，而对老蔓侵染困难。侵染嫩蔓的病菌一般呈潜伏状态，成为翌年的越冬病源，而原来的越冬病蔓随蔓的增粗、脱皮成为老蔓后即不带菌。

病害的潜育期长短与温度关系密切，前期温度低，病菌侵入幼果后的潜伏期长，为 20 天左右，而近成熟期后温度增高，潜育期明显缩短，最短为 4 天。除与温度有关外，果实内酸、糖的含量也会影响病害的潜伏期长短，成熟果含酸量少，含糖量高，适宜病菌发育，潜育期较短。

果实转色期前后是炭疽病开始发病的时期，发病的早晚存在地区差异。如江浙地区谢花后半月即可出现病果；在广东地区 3 月中下旬至 4 月上中旬即可侵染花穗，导致花腐；在河南省炭疽病一般在 7 月上旬始发。

（3）发病条件。高温多雨、日照少是炭疽病发生和流行的主要气象因子。一般 7 月的降水量在 131 毫米以上、雨日 12 天以上、平均相对湿度 80％以上，病害发生严重；反之，病害则轻。果实成熟前后雨水偏多，果园高温高湿，病害易流行。

葡萄品种间存在抗病性的明显差异。一般欧亚种感病，欧美杂交种抗病。皮薄的品种病重，皮厚的品种则病轻。

此外，株行距过密、坐果部位过低、留枝量过多、副梢管理不及时、果园通风透光不良以及地势低洼、排水不良、地下水位高、土壤板结、速效氮肥过多等不良栽培条件均有利于发病。

（4）防治方法。选用抗病品种，依据市场需要，选择园艺性状较好的抗病或耐病品种栽培；清园，结合修剪整枝，及时清除植株上的副梢、穗梗、僵果、卷须、病花穗等。清理落地病残枝蔓、病落果等；加强栽培管理，生长旺季要及时摘心、摘除副梢、绑蔓，防止树冠过于郁闭。适当进行疏花疏果并提高结果部位。合理施肥，施足有机肥，增施钾肥，控制速效氮肥的用量，以提高植株抗病能力。雨后及时排水，防止园内积水；果实套袋，一般果实黄豆粒大小时进行。套袋前用 40％氟硅唑 8 000 倍液、22.2％抑霉唑 1 200 倍液、70％甲基硫菌灵 1 000 倍液＋80％代森锰锌 800 倍液等处理果穗，药液干后立即套袋，注意封严袋口，避免雨水渗入，以后在袋口和出气口处喷适量药剂有利于病害控制。多雨地区或病重果园提倡采用避雨栽培。

葡萄芽萌动期喷洒 3％～5％石硫合剂、45％晶体石硫合剂 30 倍液或 5％菌毒清水剂 200～300 倍液，重点喷嫩枝。展叶前对重病园再喷一遍 50％福美双可湿性粉剂 600 倍液。开花前后在多雨地区防治花穗腐烂。花前可喷 1∶0.7∶240 波尔多液、10％苯醚甲环唑水分散粒剂 2 000 倍液等杀菌剂；花后

7～10 天可喷 80％代森锰锌可湿性粉剂 800 倍液、75％百菌清600～800 倍液。果实膨大期至成熟期，间隔 10 天左右喷一次药，可选用下述药剂：25％咪鲜胺乳油 500～1 000 倍液、50％咪鲜胺锰盐可湿性粉剂、400 克/升克菌·戊唑悬浮剂1 000～1 500 倍液和 25％溴菌清乳油或可湿性粉剂 500～600倍液、40％氟硅唑乳油 8 000～10 000 倍液、25％丙环唑乳油2 000倍液、250 克/升吡唑醚菌酯乳油 2 000 倍液、70％甲基硫菌灵 800 倍液、80％炭疽福美 500～600 倍液等药剂，并与80％代森锰锌 800 倍液、70％丙森锌 600 倍液等药剂交替和混合使用，减免产生抗药性。注意在葡萄采收前半个月一般应停止喷药，减少农药残留。

3. 葡萄黑痘病

（1）症状。该病对葡萄的叶片、果实、新梢、叶柄、果梗、穗轴、卷须和花序均能侵染，尤其在幼嫩部分受害最重。

叶片染病，初期出现针眼大小红褐色至黑褐色的小斑点，周围有紫褐色的晕圈，以后逐渐扩大，形成直径 1～4 毫米的近圆形或不规则形病斑，病斑中央灰白色，边缘暗褐色或紫褐色，稍凹陷。后期病斑中心叶肉枯干破裂而穿孔。叶脉受害呈多角形病斑，造成叶片皱缩畸形，严重影响光合作用。

果实染病，果面发生近圆形浅褐色斑点，病斑周边紫褐色，中心灰白色，稍凹陷，很像鸟眼，也称为"鸟眼病"。在病斑上面有微细的小黑点，即病菌分生孢子盘。受害果实生长缓慢，绿色，质硬味酸有时龟裂，失去食用价值。新梢、叶柄、穗轴、卷须、花序发病产生暗褐色椭圆形略凹陷的病斑，不久病斑中部逐渐变成灰黑色，边缘呈紫黑色或深褐色。

（2）发病规律。病原菌以菌丝在被害病叶、病果、病蔓中越冬。越冬的病菌组织在翌年 4～5 月，产生分生孢子，孢子借风雨传播，萌芽后长出芽管，直接侵入寄主，引起初侵染，然后在病斑上产生分生孢子，引起多次再侵染。病害的潜育期6～12天。一般6月上旬开始发病，6月中旬至7月上旬进入发病盛期，果实着色后，果穗不再被侵染，但仍可危害嫩梢。

高温多雨是病害发生和流行的主要因素，4～6月多雨，适宜病害发生与流行。寄主组织的幼嫩程度与发病有很大关系，越幼嫩越易被侵染。不同品种抗病性差异很大，红地球、美人指易感病，巨峰、户太8号等抗病。此外，地下水位高、排水不良、偏施氮肥、枝叶徒长或植株长势弱等条件下，病害发生较重。

（3）防治方法。植物检疫，提倡从无病区引进苗木和接穗；选择抗病品种；种条、苗木消毒，在新建果园时，进行苗木消毒，有效的消毒方法是用五氯酚钠200～300倍液、10%～30%黑矾加1%硫酸浸条或0.3%五氯酚钠加3%～5%石硫合剂浸泡35分钟后可栽植。对嫩枝接穗用50%多菌灵可湿性粉剂800～1 000倍液浸泡2～3分钟灭菌；清园，在秋季落叶后，结合冬剪彻底清除病蔓、病叶、病果和主蔓上的枯皮，集中深埋或烧毁；萌芽前剥除主干老蔓老翘皮，涂上涂白剂（石硫合剂残渣或原液1份加生石灰3份，对适量水调成糊状）；在葡萄整个生长期应及时将病残体摘除销毁，以免重复感染；加强栽培管理，增强树势，合理灌溉，注意排水，控制氮素营养，多施磷钾肥，增强树势。及时摘心除去副梢，防止枝叶徒长。调节架面枝蔓，保持通风透光的良好树体结构。

药剂防治。芽萌动期用3%～5%石硫合剂与0.5%五氯酚钠混合液涂刷结果母枝，并对地面、架体全面喷雾，以消灭越冬病源；展叶后至花前1周，喷80%代森锰锌可湿性粉剂800倍液、10%苯醚甲环唑水分散粒剂1 500倍液等药剂；幼果期：喷1∶0.5∶（160～200）波尔多液、80%代森锰锌可湿性粉剂600～800倍液、10%苯醚甲环唑水分散粒剂1 500倍液；果实膨大期以后，喷 40％氟硅唑 8 000～10 000 倍液、10％苯醚甲环唑水分散粒剂 1 000 倍液、250 克/升嘧菌酯悬浮剂 833～1 250 倍液、5％亚胺唑可湿性粉剂 600～800 倍液、78％科博可湿性粉剂 500 倍液、80％代森锰锌可湿性粉剂 500～800 倍液等药剂。

4. 葡萄灰霉病

（1）症状。主要危害花穗、果穗或果梗，也可危害新梢及叶片。花穗染病，初呈淡褐色水渍状病斑，迅速变为暗褐色，致整个果穗软腐，2～3 天后果面或果穗上长出一层灰褐色霉层，即病菌的分生孢子梗和分生孢子。严重时落花落果、穗轴、果实腐烂。果实发病，多从浆果转色期开始，初期在果面出现直径为 2～3 毫米的近圆形灰褐色斑点，扩大后，病斑凹陷，全果以至全穗很快腐烂，其上长出鼠灰色霉层。贮运期间发病的果实，常变色腐败，并长出大量鼠灰色霉层。新梢、叶片染病，初期病部出现绿豆粒大的灰色斑点，扩大后产生淡褐色，不规则形病斑。有时具不明显轮纹，其上生稀疏灰色霉层。病叶一般不脱落，但若叶柄受害后可造成叶片急速枯萎。

（2）发病规律。灰霉病菌腐生性强，寄主范围很广，已报道的寄主约有 235 种。该菌主要以分生孢子、菌核及菌丝体随病残体在土壤中或在枝蔓或僵果上以菌核越冬，也可以菌丝体在树皮和冬眠芽上越冬，菌核的抗逆性很强。翌春遇雨或湿度大时，越冬的分生孢子或菌核萌发产生分生孢子，借气流传播到花穗、幼果、叶片等部位，通过伤口、自然孔口及幼嫩组织侵入寄主，发病后再产生分生孢子，通过风雨传播进行多次再侵染。

该病发生与温湿度关系密切。病菌分生孢子萌芽的温度范围为 10～30 ℃，适宜温度为 18 ℃。分生孢子只能在有游离水或至少 90％的相对湿度条件下才可萌发，在 15～20 ℃的适宜温度下，侵染时间约 15 小时，温度降低，侵染时间延长。因此花期前后遇低温潮湿、着色至成熟期遇暴雨或雷阵雨等造成湿度不均，不良水分管理造成裂果，贮藏期高温多湿，均有利于发病。葡萄不同品种间抗性不同，巨峰、洋红蜜、新玫瑰、白玫瑰等高度感病。此外，若果园管理粗放、枝叶郁闭、通风不良，则发病重；若磷钾肥不足、偏施氮肥、施肥不均，则发病重；若机械伤、虫伤较多，则易发病。冻害、鸟害等伤口也容易促进发病。

（3）防治方法。选用抗病品种，葡萄不同品种抗灰霉病能力有明显的差异，黑罕、黑大粒高度抗病，而巨峰、新玫瑰、胜利、白玫瑰香、红地球等品种高度感病；清园，病残体上越冬的菌核是主要的初侵染源。因此，结合其他病害的防治，彻底清园和摘好越冬休眠期的防治。春季发病后，于清晨趁露水未干，仔细摘除和拣拾病花穗以减少再侵染病源。发病初期及时摘除病果，防止蔓延；加强管理，适当控制氮肥增加磷、钾肥用量，促进树体健壮生长。合理修剪，改善果园通风透光条件。加强避雨棚管理，防止病害突发。

药剂防治。在花序伸出（花前 7～10 天）至落花后及成熟期，于发病前或发病初期连续喷药，药剂可选用：50％腐霉利可湿性粉剂 1 500～2 000 倍液、50％异菌脲可湿性粉剂 750～1 000 倍液、50％农利灵干悬浮剂 500～600 倍液、40％嘧霉胺悬浮剂 1 000～1 500 倍液、50％啶酰菌胺水分散粒剂 1 000～1 500 倍液、40％双胍三辛烷基苯磺酸盐可湿性粉剂 180～300 克/公顷、50％多霉灵可湿性粉剂 1 000～1 500 倍液等药剂，提倡在发病前用药。在设施棚内也可选用百菌清或腐霉利烟剂防治。

贮藏期预防。采收前在果穗上充分喷洒一次 6％噻菌灵可湿性粉剂 1 000 倍液或 50％异菌脲 1 000 倍液，晾干后再采摘，在贮藏时用经过二氧化硫和碘化钾处理过的纸进行包装。

5. 葡萄穗轴褐枯病

（1）症状。主要危害葡萄幼嫩的穗轴，包括主穗轴、分枝穗轴和幼果。穗轴染病发病初期，在幼穗的分枝穗轴或穗轴上出现淡褐色水渍状小斑，然后迅速沿穗轴或分枝穗轴蔓延，使整个穗轴或分枝穗轴变褐坏死，造成幼果粒失水萎蔫或脱落。花蕾受害，初期病部呈水渍状浅褐色小斑点，后纵向扩展，引起花蕾脱落。幼果粒发病，形成直径约 2 毫米的圆形、深褐色至黑色小点，病变一般仅限于果粒表皮，随着病果粒膨大病部逐渐变成疮痂状，当果粒长到中等大小时，病痂脱落。

（2）发病规律。病菌以分生孢子和菌丝体在葡萄枝蔓表皮或幼芽鳞片内越冬。翌春当花序伸出至开花前后，分生孢子借风雨传播，侵染幼嫩的穗轴、分枝穗轴和幼果。发病后病部可继续产生分生孢子，进行再侵染。花期至幼果期气温忽高忽低及多雨的气候，使幼嫩果穗易受冷害或冻害侵袭，有利于病害发生。若地势低洼、浇水频繁、果园易积水，则发病重；若偏施氮肥、植株徒长、穗轴不充实，则发病重；修剪不合理、果园通风透光差的果园发病重。品种间存在明显的抗病差异性，一般龙眼、玫瑰露等品种较抗病，红香蕉、红香水、黑奥林、红富士较感病，巨峰品种最感病。

（3）防治方法。选用抗病品种；认真清除病果、病蔓、病叶等，集中烧毁或深埋，特别是在 6～7 月，要经常检查并及时剪去病果、病蔓，掰掉的副梢、卷须、叶片也要及时妥善处理；加强栽培管理，及时绑蔓、打杈、摘心，保持果园通风透光。适当提高结果部位。控制氮肥，增施磷钾肥，提高树势；建造防风林，防止叶、果穗相互摩擦受伤。

葡萄芽萌动后，喷 3%～5% 的石硫合剂或 45% 晶体石硫合剂 30 倍液，压低越冬病源。在重病果园于花前 18 天，每株根浇 0.5～1 克（有效成分）多效唑，增强分枝穗轴的抗病能力。在开花前后喷 10% 多抗霉素可湿性粉剂 800～1 000 倍液或 3％多抗霉素水剂 600～800 倍液、75％百菌清可湿性粉剂 600 倍液、80％代森锰锌可湿性粉剂 600～800 倍液、10％苯醚甲环唑水分散粒剂 1 500～2 000 倍液，50％异菌脲可湿性粉剂1 000～1 500 倍液，如已开始发病，可在葡萄开花 4～5 天后，喷洒丁酰肼，减少落果。注意花期一般不喷药剂，以免造成落果。

6. 葡萄房枯病

（1）症状。主要危害果梗、穗轴、果粒，也可危害叶片。发病初期，先在小果梗基部产生淡褐色不规则病斑，边缘有不明显的深褐色晕圈，扩大后当病斑绕果梗一周时，使小果梗干枯缢缩。引起果粒失水萎蔫，病果渐渐干缩，最后变成黑色僵果，并在病果表面产生稀疏的小黑点，即病菌的分生孢子器，僵果悬于枝上很久不落。穗轴部分呈褐色干枯，其上有小黑点。叶片发病，在叶面上产生圆形黑褐色小斑点，扩大后变成中心灰白色、边缘褐色病斑，其上散生黑色小点粒。

（2）发病规律。病菌以菌丝、分生孢子器和子囊壳在病果穗或病叶上越冬。翌年 5～6 月散发分生孢子和子囊孢子，借风雨传播到果穗、叶片上，进行初侵染。15～35 ℃下均能发病，以 24～28 ℃发病最快。一般年份 6～7 月开始发病，7～9 月增多，果实开始着色时达发病高峰。因此在果实着色前后，高温多雨有利于发病。管理粗放、结果过多、郁闭潮湿、植株营养不良、生长势弱的葡萄园发病重。一般欧亚系如龙眼较易感病，美洲系如意大利、金香、黑虎香等较抗病。

（3）防治方法。选栽抗病品种，美洲系葡萄品种抗病性强；及时剪除病果穗、深埋落叶；加强栽培管理，及时夏剪，去除多余枝蔓；增施速效性氮、磷、钾复合肥，叶面喷 0.3％～0.5％的磷酸二氢钾和尿素混合液。雨季谨防果园大量积水。冬季深翻改土，加深活土层，促进根系发育。选用无滴消雾膜覆盖地面。

葡萄展叶后开始全树喷洒 10％的苯醚甲环唑水分散粒剂 2 000倍液，50％多菌灵可湿性粉剂 800 倍液；葡萄落花后至果实近成熟期结合防治葡萄白腐病、炭疽病喷 1∶（0.5～0.7）∶200 波尔多液，10％的苯醚甲环唑水分散粒剂 1 500～2 000 倍液，80％多菌灵可湿性粉剂 800 倍液、70％甲基硫菌灵可湿性粉剂 800 倍液等，一般 10～15 天喷 1 次，共喷 4～5 次。

7. 葡萄大房枯病

（1）症状。葡萄大房枯病主要危害叶片和果粒，同时也危害叶柄和新梢。叶片发病，病叶呈现褐色近圆形、直径 1～1.5 厘米的病斑；之后发生同心轮纹，病部和健部边界明显，病斑色泽逐渐变灰褐色，并长出黑色小粒点（分生孢子盘），每个叶片病斑数个至 10 余个不等，严重时病斑融合，沿叶脉扩大成大型病斑，后期引起落叶。叶柄出现椭圆形、暗褐色、内部呈褐色、边缘黑褐色、稍凹陷的病斑。葡萄果实发病部位以靠近果梗部分果粒组织为多。未成熟的果粒呈现暗褐色至黑褐色圆形病斑，有重轮纹，病部和健部边界明显。病部逐渐凹陷，内部随即出现黑色小粒点，即分生孢子盘，散生。

葡萄着色后，病斑呈暗赤褐色，后变褐色，可占大部分果面，触碰易落果，穗轴、穗梗也发病。枝干发病，最初出现轮廓不清的暗褐色斑点，后呈椭圆形，大小约 1 毫米×0.5 毫米，水渍状暗褐色，随后凹陷，病斑扩展成纺锤形至椭圆形，大小约 5 厘米×2 厘米，暗褐色至黑褐色。病部和健部边界呈浅褐色，浸润状，边缘不明显。病斑内散生小黑点，即病原的分生孢子盘。后期病斑龟裂。新梢与架面铅丝摩擦所造成的伤口，多出现病斑。病斑内部的木质部呈褐色腐烂，新梢枯死。二年生以上枝条不形成病斑，但由于病菌的潜伏侵染，也有枯死现象。

（2）发病规律。病菌以菌丝或孢子在枝条病斑上越冬，翌年产生分生孢子进行侵染。孢子的飞散以降雨天为多，尤其是在夜间。我国南方，早熟品种在 5 月上中旬即发病，6 月中下旬逐渐增多。在后期会引起落叶。病害潜育期通常为 2～3 天，有时多达 5 天以上。高温高湿是病害流行的主要条件。多雨多雾有利于病害的发生。此外，偏施氮肥，磷钾肥不足，植株易发病。

（3）防治方法。秋冬季剪除病虫枝，带出园外集中烧毁，减少病源；加强管理，种植绿肥或施有机肥，增加果园有机质含量；适当增施钾肥；及时铲除杂草，合理修剪与雨季及时排水，降低果园湿度。提倡采取果穗套袋、避雨栽培新技术。

在初果期，选用 80％多菌灵可湿性粉剂 1 000～1 200 倍液、80％代森锰锌可湿性粉剂 800 倍液喷雾，10％苯醚甲环唑水分散粒剂 1 500～2 000 倍液，预防病害的发生。在发病初期开始喷 50％克菌丹可湿性粉剂 500 倍液、70％甲基硫菌灵可湿性粉剂 800～1 000 倍液、4％抗菌霉素 120 水剂 600～800 倍液或 40％氟硅唑乳油 8 000～10 000 倍液，药剂应交替使用，隔 7～10 天喷药一次，连喷 2～3 次或视病害情况而定。

8. 葡萄黑腐病

（1）症状。葡萄黑腐病主要危害果实、叶片、叶柄和新梢等部位。果实发病，幼果受害后开始出现稍带白色的斑点，很快变为紫褐色，边缘为黑色，病斑稍凹陷，并软腐，失水后干缩为有明显棱角的黑色或灰蓝色僵果，僵果不易脱落，病果上布满许多黑色小粒点，为病菌分生孢子器或子囊壳。叶片发病，初期叶脉间产生分散的红褐色近圆形小斑点，扩大后为近圆形病斑，中央灰白色，外围黑褐色，上生许多环状排列的黑色小粒点。新梢、叶柄、叶脉、花柄及卷须上发病，病斑呈紫黑色，多纵向扩展成长椭圆形，病斑稍凹陷，上生许多黑色小粒点。

（2）发病规律。病菌主要以分生孢子器、子囊壳或菌丝体在病果、僵果、病蔓、病叶等病残体上越冬，翌年春末气温升高，遇雨或潮湿天气即释放出大量子囊孢子或分生孢子，靠雨水或昆虫及气流传播。随苗木远距离传播，孢子遇适宜的水分和湿度即可萌发侵入寄主。在果实上潜育期 8～10 天，在枝蔓或叶片上 20～21 天。发病后在病组织上产生新的分生孢子器和分生孢子等，进行多次再侵染。一般 6 月下旬至采收期都能发病，果实着色至近成熟期发病加重。

高温、高湿有利于该病发生及流行。在南方果粒成熟期气温 26.5℃，湿润持续 6 小时以上，易发病。管理粗放、肥水不足、虫害发生重的葡萄园易发病；地势低洼、土壤黏重、通风排水不良果园发病重。不同品种间抗性存在明显差异，一般欧洲系品种较感病，美洲系品种较抗病。康拜尔、新美露、北醇、卡白等高抗，红富士、金皇后、黑罕、吉丰 13 号中抗，大宝、奈加拉、金玫瑰等感病，乐选 7 号、白香蕉、巨峰等高度感病。

（3）防治方法。病菌可随苗木远距离传播，可从无病区引进苗木；苗木消毒；在病害流行区，可选用抗病品种栽培；清除病残体，减少越冬病源。秋冬季和发病季节，及时摘除并销毁病果，剪除病枝梢，清除病残体，冬前翻耕果园土壤，压低土壤中病残体数量；加强栽培管理，雨季及时排水，降低园内湿度；增施有机肥。铲除行间杂草；控制结果量，增强树势；幼果期果实套袋或采用避雨栽培技术，阻隔病菌侵染；萌芽前喷 3～5 波美度石硫合剂或 45％晶体石硫合剂 20～30 倍液。

开花前喷 50％多菌灵可湿性粉剂 600～800 倍液、10％苯醚甲环唑水分散粒剂 2 000 倍液等，谢花后和果实膨大期以后可结合防治炭疽病、白腐病、霜霉病等喷 1∶0.7∶200 波尔多液或 80％多菌灵可湿性粉剂 800～1 000 倍液、16％氟硅唑水剂 2 000～3 000 倍液、40％氟硅唑乳油 6 000～8 000 倍液、50％多菌灵可湿性粉剂 600～800 倍液、50％甲基硫菌灵·硫黄悬浮剂 800 倍液、80％代森锰锌可湿性粉剂 600～800 倍液等进行防治。每隔 10～15 天喷一次。

9. 葡萄酸腐病

（1）症状。发病初期在病果粒表面出现水渍状褐色斑点，扩大后致果粒变软腐烂，病部流出大量汁液侵染健粒，导致葡萄整串腐烂或仅剩下种子和果皮，并发出明显的酸臭味。该病是先由多种原因造成果实伤口，再由醋酸细菌、酵母菌和果蝇等多种生物再次侵袭危害，发生的二次感染病害。

（2）发病规律。葡萄发育中后期，因果粒膨大形成的挤压伤以及不合理使用激素、天气异常、鸟害等原因造成的多种伤口，为多种细菌、酵母菌等提供存活场所和繁殖条件，并引诱果蝇在伤口处产卵和大量反复繁殖。病菌通过果蝇携带传播和蔓延，致健粒生活力降低，细菌、酵母菌及果蝇再次繁殖与扩散，引起病害大流行。葡萄着色至采收期为发病的主要时期。早、中、晚熟品种混合种植，赤霉素使用浓度不合理，天气异常造成裂果或严重影响树势的条件，均易引起病害发生和流行。

（3）防治方法。在酸腐病严重地区，一般不提倡在同一果园种植不同成熟期的品种；合理密植和及时修剪，增加通透性，降低果园湿度；正确掌握激素类药物使用的时期和用量；认真搞好疏花疏果，保持果穗疏松，防止果实膨大不匀，相互挤压，造成裂果。也可以采用奇宝拉长花序，保持果穗疏松；提倡采用避雨栽培；及时清除病果。

从果实着色前开始至采收期，可喷 77％硫酸铜钙可湿性粉剂 400～600 倍液、80％必备可湿性粉剂 400 倍液，另加高效氯氰菊酯 3 000 倍液、敌敌畏 1 000 倍液或功夫 3 000 倍液杀灭果蝇。

（二）叶部病害

1. 葡萄霜霉病

（1）症状。该病只危害地上部幼嫩组织，如叶片、新梢、花穗和果实等。叶片染病，初现半透明的淡黄绿色油渍状斑点、边缘不清晰，后扩展成黄色至褐色多角形病斑。湿度大时，病斑背面产生白色霉层，即病菌的孢囊梗和孢子囊，病斑最后变褐，叶片干枯。新梢、卷须染病，病斑初呈半透明水渍状，后呈黄色至褐色，表面也产生白色霉层，病梢生长停滞、扭曲或干枯。小花及花梗染病，初现油渍状小斑点，由淡绿色变为黄褐色，病部有白色霉层，病花穗呈深褐色，腐烂脱落。幼果染病，变硬下陷，皱缩，延及果梗后，果实软腐，干缩脱落。

（2）发病规律。病菌主要以菌丝体潜伏在芽中或以卵孢子在病组织中越冬，病菌也可以随病残体在土壤中越冬。翌春当气温达11℃时，卵孢子可在水中或潮湿土壤中发芽，产生孢子囊，孢子囊遇水释放游动孢子，游动孢子借雨水冲溅及风携带传播，通过叶片上的气孔或果穗上的皮孔侵入叶片和嫩穗。侵入后菌丝在细胞间隙蔓延，长出圆锥形吸器伸入寄主细胞内吸取养分，然后从气孔伸出孢囊梗，产生孢子囊，孢子囊成熟后脱落，借风雨传播进行多次再侵染。不同地区的发病时期不同。秋末病菌在病组织中形成卵孢子，随病残体在土壤中越冬或以菌丝体潜伏在芽内越冬。

该病的发生与流行与田间湿度和水分含量呈正相关。一般降雨或浇水频繁、田间湿度大、果园易积水均有利于病害发生与流行。多雾、多露易导致病害的流行。病害发生也与植株的幼嫩程度有关，如果组织处于幼嫩阶段，再遇多雨高湿条件，病害往往流行。此外，地势低洼、浇水频繁、果园通风不良、修剪不当也有利于发病；南北架比东西架发病重，棚架比立架发病重，架低比架高的发病重；偏施氮肥植株徒长发病重。

（3）防治方法。在生长季节和秋季修剪时都要彻底清除病枝、病叶、病果，集中烧毁，减少越冬病源；选用抗病品种；加强栽培管理，尤其注意雨季及时排水，在生长期间及时剪除多余的副梢枝叶，创造果园通风透光条件，降低果园湿度；此外，适当增施磷钾肥的数量，适当控制速效氮肥，抬高棚架高度，提高结果部位，清除园中杂草等；采用避雨栽培新技术。

药剂防治。抓住病菌初侵染期的关键时期喷药，可用 1：0.7：200 波尔多液、80％波尔多液可湿性粉剂 300～400 倍液、68.75％唑铜·锰锌 800～1 200 倍液、77％硫酸铜钙可湿性粉剂 500～600 倍液、80％代森锰锌可湿性粉剂 800 倍液、70％丙森锌可湿性粉剂 600～700 倍液、50％烯酰吗啉可湿性粉剂 1 500～3 000 倍液、64％噁霜·锰锌可湿性粉剂 700 倍液、72％霜脲·锰锌可湿粉剂 600 倍液、69％烯酰吗啉·锰锌可湿性粉剂 600 倍液、72％霜脲氰可湿性粉剂 600 倍液、52.5％抑快净 2 000 倍液、25％烯肟·霜脲氰可湿性粉剂 100～200 克/公顷、25％凯润 1 500～2 000 倍液、25％嘧菌酯悬浮剂 1 500～2 000 倍液、68.75％噁唑菌酮水分散粒剂 1 000 倍液、50％醚菌酯水分散粒剂 2 000 倍液、66.8％即霉威可湿性粉剂 700～1 000 倍液等药剂进行防治，以后根据病害发生情况，继续使用上述药剂，提倡保护剂与杀菌剂交替或混合使用。一般间隔 10 天左右喷一遍药。对保护地，也可改用 15％霜疫清烟剂，每亩用量 250 克熏 1 夜，或喷撒防霜霉病的粉尘剂，隔 10 天左右施药一次，施药次数根据病害发病情况灵活掌握。

2. 葡萄白粉病

（1）症状。主要危害葡萄的叶片、新梢、果穗等绿色幼嫩部分。叶片染病，发病初期叶面或叶背产生白色或黄色褪绿斑，以后病斑变为灰白色或褐色，表面长出大量灰白色霉粉层，即病菌的菌丝体和分生孢子。严重时遍及全叶，使叶片卷缩或干枯。一些地区有时病斑上产生小黑点，为病菌的闭囊壳，最后导致全叶枯焦。果梗和新梢染病，初期表面呈灰白色粉斑，后期粉斑变暗，粉斑下面形成雪花状或不规则的褐色花斑，使穗轴、果梗变脆。果实发病，出现黑色星芒状花纹，上覆一层白粉，即病菌的菌丝体、分生孢子梗及分生孢子，后期病果表面细胞坏死，出现网状茸纹。局部发育停滞，病果不易增大，易形成裂果，且果实色泽不佳。

（2）发病规律。病菌主要以菌丝体在被害组织或芽鳞片间越冬。翌年条件适宜时产生分生孢子，借气流传播，落到寄主表面萌发侵入。菌丝在寄主表面蔓延，以吸器伸入寄主细胞内吸取营养。气温在29～35 ℃时病害扩展快，一般6月开始发病，7月中下旬至8月上旬发病达高峰，10月以后逐渐停止。干旱、温暖而潮湿、闷热或干湿交替的气候有利于病害发生。光照对病害发生也有明显影响，如避雨棚因光照条件变差，发病较露地重。此外，葡萄栽植过密，枝叶过多，通风不良时发病重。葡萄品种间感病程度也有明显差异，如早金黄、苏珊玫瑰、黑汉、洋白密等高度感病，巨峰、早玫瑰、无核白、无核红、白比诺、黑比诺、贝达等较抗病。

（3）防治方法。清除病源，冬夏季修剪时注意收集病枝、病叶、病果，集中烧毁。加强栽培管理。及时摘心、绑蔓、除副梢，改善通风、透光条件，减轻病害发生；雨季注意排水防涝；生长期喷磷酸二氢钾和根施复合肥，增强树势，提高抗病力。

在葡萄芽膨大期喷3～5波美度石硫合剂，彻底消灭越冬病源。展叶后一般间隔10天左右喷一次药，可选用下述药剂：25％乙嘧酚悬浮剂800～1 000倍液、0.2～0.3波美度石硫合剂、10％苯醚甲环唑水分散粒剂1 000～1 500倍液、12.5％烯唑醇可湿性粉剂2 000～3 000倍液，40％氟硅唑乳油6 000～

8 000倍液，后期也可改用 25％丙环唑油剂 2 000～3 000倍液防治，注意在果实幼嫩阶段，使用丙环唑对个别品种可能存在药害风险，应注意观察。

3. 葡萄锈病

（1）症状。主要危害中下部叶片。初期在叶面出现褪绿色小斑点，周围水渍状，随后在叶片背面长出橘黄色夏孢子堆，夏孢子堆成熟后破裂，散发出大量橙黄色粉末状夏孢子，危害严重时叶片干枯。秋末病斑呈多角形灰黑色，其上着生冬孢子堆，表皮一般不破裂。

（2）发病规律。在寒冷地区病菌以冬孢子越冬，初侵染后产生夏孢子。夏孢子堆裂开散出大量夏孢子，通过气流传播。在有水滴及温度适宜时，夏孢子长出芽孢，通过气孔侵入叶片。菌丝在细胞间蔓延，以吸器深入细胞内吸取营养，后形成夏孢子堆。在条件适宜时可进行多次再侵染，秋末形成冬孢子堆越冬。在热带和亚热带地区，在葡萄上夏孢子堆全年可见，在葡萄生长期均可侵染葡萄。

此病在北方地区多在秋季发生，8～9 月为发病盛期。在长江以南地区，于 6 月下旬即可发病，首先危害近地面的葡萄叶片，以后继续向上危害枝条及叶片。高湿条件有利于夏孢子萌发，但强光照射能抑制孢子萌发，因此，夜间多雨、多雾、多露等高湿条件有利于病害的流行。管理粗放，植株长势差易发病。山地葡萄较平地发病重。品种间存在明显的抗病性差异。一般欧亚种较抗病，而欧美杂交种易感病，如玫瑰香、红富士抗病；大宝、金玫瑰、纽约玫瑰、新美露等较抗病；白羽、甲州三尺、康拜尔、尼加拉等易感病。

（3）防治方法。选用抗病或中抗品种，如玫瑰香、红富士、金玫瑰等。加强葡萄园管理，增施有机肥，防止缺水缺肥，及时排水，降低湿度，改善通风透光条件。晚秋彻底清除落叶，集中烧毁或深埋。

萌芽前结合其他病害防治喷 3～5 波美度的石硫合剂或 45％晶体石硫合剂 30 倍液。发病初期，喷 40％氟硅唑乳油 8 000～10 000 倍液、0.2～0.3 波美度石硫合剂或 45％晶体石硫合剂 300 倍液、20％三唑酮乳油 1 500～2 000 倍液、12.5％烯唑醇可湿性粉剂 3 000～4 000 倍液、25％丙环唑乳油 3 000 倍液、25％丙环唑乳油 4 000 倍液＋15％三唑酮可湿性粉剂 2 000倍液进行防治。一般每隔 10～15 天喷一次，喷 1～2 次。

4. 葡萄大褐斑病

（1）症状。主要危害葡萄中下部叶片，发病初期在叶片表面产生许多近圆形、多角形或不规则的褐色小斑点，病斑扩大后直径达 3～10 毫米。边缘红褐色，中部黑色，中心有深、浅间隔的不明显褐色环纹，有时外围有黄色的晕圈。叶背面周边模糊，后期病部枯死，多雨或湿度大时发生褐色霉状物。天气潮湿时，病斑表面及背面可见褐色霉状物，即病菌的分生孢子梗及分生孢子。

（2）发病规律。病菌主要以菌丝体或分生孢子在落叶上越冬，翌春葡萄开花后，越冬后的病菌产生分生孢子梗和分生孢子。分生孢子借风雨传播，在高湿条件下萌发，由叶背气孔侵入引起初侵染。发病后产生分生孢子，不断进行再侵染。病害多从下部叶片开始发生，渐渐向上部叶片蔓延。我国北方地区多从 6 月开始发病，7～9 月为发病盛期。

夏秋多雨、气温偏高的地区或年份发病较重。过量使用氮肥发病重。壮树发病轻，弱树发病重。管理粗放、枝叶过密、施肥不足、果实负载量过大、树势衰弱有利于发病。品种间感病程度也有差异，一般美洲种葡萄易感病，欧亚种葡萄发病轻。

（3）防治方法。压低越冬病源，秋后要及时清扫落叶烧毁，冬剪时，将病叶彻底清除扫净烧毁或深埋。合理使用氮肥，增施有机肥和种植绿肥，提高树体抗病力；及时绑蔓、摘心、除副梢和老叶，创造通风透光条件，减少病害发生；雨季及时排水。

早春芽膨大而未发前，结合其他病虫害喷石硫合剂。展叶后于 6 月开始每 10 天左右喷药一次，可选用药剂有 1∶0.5∶200 波尔多液、430 克/升戊唑醇悬浮剂 4 000～5 000 倍液、80%多菌灵可湿性粉剂 800～1 000 倍液、80%代森锰锌可湿性粉剂 800 倍液等。

5. 葡萄小褐斑病

（1）症状。在叶片上产生直径 2～3 米、边缘为暗褐色不规则形或近圆形小斑，中部颜色稍浅；叶片背面形成红褐色至褐色近圆形病斑，其上着生黑色茸毛状霉层。严重时，许多病斑愈合成不规则的大斑。

（2）发病规律。病菌以菌丝体或子座在病叶或枝蔓病组织内越冬。翌春，随气温回升及降雨，产生分生孢子，借气流或风雨传播。以芽管侵入叶片。病害潜育期 10～20 天。发病后产生分生孢子进行多次再侵染。在中部地区一般 6 月开始发病，7～9 月为发病盛期。一般先从接近地面的老叶开始。高温高湿多雨有利于病害的发生和流行。果园管理粗放、氮肥过多、有机肥肥料不足、树势衰弱易发病。果园长期积水、挂果量过大，有利于发病重。病害发生也与品种有关，白莲子、白鸡心品种较感病，而红地球、奥古斯特、粉红亚都蜜等抗病。

（3）防治方法。选用抗病品种，在病重地区可选用美国红地球、粉红亚都蜜、奥古斯特等抗病品种。秋后及时清除落叶，并集中烧毁或深埋，减少越冬病源。加强管理，生长中后期及时清理接近地面的老叶；抬高架面；增施有机肥或高效复合肥，种植绿肥，增加钾肥使用量；雨季及时排水。

药剂防治。一般从 6 月开始结合其他病害防治于发病前或发病初期选用 1∶0.7∶200 波尔多液、80%多菌灵可湿性粉剂

800～1 000 倍液、430 克/升戊唑醇悬浮剂 4 000～5 000 倍液、80％代森锰锌可湿性粉剂 800 倍液或 10％苯醚甲环唑水分散粒剂 1 500～2 000 倍液等药剂喷雾防治，每隔 10 天左右喷一次。喷药要均匀，并注重对下部叶片和枝蔓的防护。

6. 葡萄轮斑病

（1）症状。主要危害叶片，在叶面初期出现赤褐色圆形或不规则形病斑，扩大后为褐色或黑褐色、直径 2～5 厘米的近圆形病斑，并具有深浅相间的轮纹，湿度大时，叶片背面产生浅褐色的霉层，即病菌分生孢子梗和分生孢子。后期病斑上产生黑色子囊壳。

（2）发病规律。病菌以分生孢子附着在结果母枝上越冬或以子囊壳在落叶上越冬。翌年春夏分生孢子经风雨传播，子囊壳弹射出子囊孢子，从叶背气孔侵入，发病后产生分生孢子进行再侵染引起发病。9～10 月是发病的盛期。该病主要发生在美洲种品种上，欧亚种发病较轻。高温、高湿是该病发生和流行的重要条件，管理粗放、植株郁闭、通风透光差的葡萄园发病重。

（3）防治方法。加强田间管理，发病严重的果园，提倡淘汰美洲种葡萄，改种欧亚种。药剂防治参照褐斑病防治。

7. 葡萄灰斑病

（1）症状。葡萄灰斑病又称为葡萄环纹叶枯病，主要危害叶片。叶片染病，初现褐色细小圆点，呈轮纹状。干燥时，病情扩展慢，病斑边缘暗褐色，中间为淡灰褐色；湿度大时出现灰绿色至灰褐色水渍状病斑，严重时病斑愈合成大斑，3～4 天可扩展至全叶，并长满白色霉层，致叶片早落。受害严重的叶脉边缘可见黑色菌核。

（2）发病条件。病菌一般以菌核和分生孢子在病组织内越冬，在早春气候适宜时形成分生孢子，借风雨传播，后期病叶沿叶脉处产生菌核，初为白色，后变为黑色。葡萄近收获期易感病。低温、潮湿、多雨、日照少有利于发病。意大利品种发病重。

（3）防治方法。葡萄收获后，清除葡萄园内枯枝落叶等病残体，集中销毁。发病初期间隔 10 天左右喷药一次，连喷3～4 次。可选用以下药剂：10％苯醚甲环唑水分散粒剂 1 500～2 000倍液、50％腐霉利可湿性粉剂 2 000～2 500 倍液、50％异菌脲可湿性粉剂 1 000～1 500 倍液、50％乙烯菌核利可湿性粉剂 1 500～2 000 倍液等。

8. 葡萄扇叶病

（1）症状。主要表现为植株矮化、生长衰弱，新叶变小、叶片扇形或扭曲皱缩不对称，叶缘缺刻加深为锯齿状，有时出现黄绿斑驳。新梢染病后分枝异常、变扁、节间缩短或长短不等、节部膨大，叶片簇生。果穗染病，果穗少且小，果粒小，病果大小不一，色泽差异很大、坐果不良；黄化花叶型，初在叶片上出现铬黄色褪色，偶尔具环斑、条斑等，严重的全叶变黄；脉带型，初期沿叶片主脉变黄，后向叶脉间扩展，形成铬黄色带纹，叶片轻度变形、变小。

（2）发病规律。葡萄扇叶病毒可由标准剑线虫和意大利剑线虫等土壤线虫传播，通过嫁接亦能传毒。线虫在病株上饲食数分钟便能带毒，整个幼虫期都能带毒和传毒，但蜕皮后不带毒。成虫保毒期可达数月。带毒苗木是远距离传播的主要途径。种子不能传播病毒。

（3）防治方法。加强检疫，禁止从病区引进苗木或其他繁殖材料。茎尖脱毒，对已感染或怀疑感染病毒的苗木，进行茎尖脱毒培养，获得无毒苗木后再种植。嫁接时挑选无病接穗或砧木。土壤处理，扇叶病在田间主要经土壤线虫传播，可用棉隆等处理土壤，杀灭线虫，控制线虫传毒。加强管理，定植前施足腐熟的有机肥，生长期合理追肥，修剪，以增强根系和树势，提高抗病力。

9. 葡萄卷叶病

（1）症状。春季或幼嫩叶片症状不明显，但病株矮小，发芽迟。夏季症状逐渐明显，尤其是枝蔓基部的成熟叶片，从叶缘向下翻卷。红色品种葡萄叶片变红，白色品种叶片不变红而褪绿变黄，但叶脉均保持绿色。叶片因病变脆。果穗染病，色泽不正常或变为黄白色。果粒变小，着色不良，晚熟，含糖量低。

（2）发病规律。染病的插条、芽及砧木都可传播卷叶病毒，田间菟丝子也可传毒。多数砧木为隐症带毒，因此通过根传病的危险性较大，汁液接种不能从葡萄传播到葡萄，但可从葡萄传到草本寄主上。

（3）防治方法。选用无毒苗木。发现病株，及时挖除并销毁。热处理脱毒。将苗木或试管苗放于 38 ℃热处理箱中，人工光照 56～90 天，取新梢 2～5 厘米，经弥雾扦插长成新株，脱毒率可达 86％。脱毒苗经检测无毒后方可用作母株。

10. 葡萄花叶病

（1）症状。染病株植株矮小，春季叶片黄化并散生受叶脉限制的褪绿斑驳。盛夏褪绿斑驳逐渐隐蔽或不明显，使叶片皱缩变形，秋季新叶上又出现褪绿斑驳，影响果实品质和产量。

（2）发病规律。汁液摩擦接触可传毒，烟蓟马、豆蓟马等也可传毒。还可以系统侵染番茄、辣椒、烟草、心叶烟、百日草、莴苣等 20 多种寄主。

（3）防治方法。参见葡萄扇叶病。

11. 葡萄缺节瘿螨毛毡病

（1）症状。葡萄缺节瘿螨毛毡病又称为毛毡病，是一种螨害。主要危害叶部，严重时，也危害嫩梢、幼果、卷须、花梗等。受害后，叶片萎缩，枝蔓生长衰弱，产量降低。叶片受害，初现苍白色病斑，叶表面隆起，叶背密生一层很厚的毛毡状茸毛，因此而得名。初期为纯白色，后变为茶褐色，尤以小叶和新展叶片受害重。由于受叶脉限制，病斑呈不规则形，受害严重的叶片皱缩、变硬，叶面凹凸不平，有的干枯破裂，致叶片早落。

（2）发病规律。葡萄缺节瘿螨一年发生 3 代，以成螨在芽鳞的茸毛、枝蔓的粗皮缝等处潜伏越冬，尤以枝蔓下部或一年生嫩枝芽鳞的茸毛上虫量居多。翌春随葡萄芽萌动，缺节瘿螨从芽内爬出，迁移至叶背茸毛间潜伏，不侵入组织，吸取叶内养分，刺激叶片茸毛增多。葡萄上表皮组织受刺激后肥大变形呈毛毡状，对瘿螨有保护作用。一般 5、6 月和 9 月间缺节瘿螨活动旺盛危害重。盛夏高温多雨不利于发育，虫口略有下降，10 月中旬开始越冬。

（3）防治方法。防止苗木传播。将苗木先用 30～40 ℃热水浸 5～7 分钟，再用 50 ℃热水浸泡 5～7 分钟，以杀死潜伏瘿螨。清洁果园，将病叶烧毁。

药剂防治。葡萄缺节瘿螨进入越冬后及早春活动前用 5 波美度石硫合剂喷洒枝干进行防治。葡萄发芽后喷 0.3～0.5 波美度石硫合剂或 45％晶体石硫合剂 300 倍液、48％毒死蜱乳油 1 500 倍液、10％氯氰菊酯乳油 2 000～3 000 倍液、25％亚胺硫磷乳油 1 000 倍液、15％扫螨净乳油 2 000～4 000 倍液、73％克螨特乳油 2 000 倍液防治。此外，发现有葡萄缺节瘿螨危害，可在主干分枝下，用刷子涂 50％乐果原液，宽度为主干直径的 2 倍，形成药环，涂后用塑料薄膜包严，1 个月后解除，效果较好。

（三）枝干病害

1. 葡萄蔓枯病

（1）症状。主要危害蔓或新梢。初期病斑紫褐色，略凹陷，后扩大为黑褐色大斑。后期病蔓表皮纵裂呈丝状，周围癌肿、易折断，横切病部木质部，可见腐朽状暗紫色病变组织。

病部表面产生很多黑色小粒点，即病菌的子实体。

（2）发病规律。病菌主要以分生孢子器、菌丝体在病蔓上越冬。翌年释放分生孢子，借风雨和昆虫传播，经伤口、皮孔或气孔侵入。病菌侵入时需要较高的湿度条件，在具水滴或雾露条件下，分生孢子经 4～8 小时即可萌发。病菌侵入后呈潜伏状态，经 30 天左右的潜育期开始发病，有些潜伏 1～2 年后才形成典型症状。多雨、多雾、多露或湿度大、果园易积水的地区易发病；植株衰弱、冻害重的葡萄园发病重。

（3）防治方法。经常检查枝蔓基部，发现病斑，及时刮治，重者剪掉或锯除，轻病斑刮至无变色的健康组织，刮后涂 5 波美度石硫合剂或 45％晶体石硫合剂 30 倍液、45％代森铵（施纳宁）水剂 50 倍液或增稠型菌立灭膏剂消毒伤口。加强栽培管理，疏松改良土壤，及时排水；埋土防寒和树干涂白、覆膜防冻；结合修剪及时培养新蔓，更新老蔓，增施有机肥，保持枝蔓旺盛生长，提高抗病能力。

药剂防治。于发芽前喷一次 80％五氯酚钠 200～300 倍液加 5 波美度石硫合剂或 45％代森铵（施纳宁）水剂 400 倍液。也可药剂涂干，药剂可选用：45％代森铵（施纳宁）水剂 200 倍液、430 克/升戊唑醇悬浮剂 2 000～3 000 倍液。生长期一般于 5～6 月病害侵染期喷药预防，重点喷枝干基部。可选用药剂：1∶0.7∶200 波尔多液、53.8％氢氧化铜 2000 干悬浮剂 1 000 倍液、20％龙克菌悬浮剂 500 倍液或 10％苯醚甲环唑水分散粒剂 2 000～2 500 倍液等。一般 10～15 天喷一次药，连喷 3～4 次。

2. 葡萄盘多毛孢枝枯病

（1）症状。主要危害枝蔓和果实，也可危害叶片。枝蔓染病，产生纺锤形至长椭圆形暗褐色至黑褐色病斑，病斑周围水渍状，病部有时纵裂，木质部也变成暗褐色。幼枝染病尖端易枯死。果实染病后产生暗褐色圆形病斑。叶片染病，病斑近圆形，褐色近圆形病斑数个，大小 10～15 毫米。

（2）发病规律。病菌以菌丝在病部或以分生孢子在枝蔓或卷须上越冬。翌春产生分生孢子盘，分生孢子借风雨传播蔓延，从伤口侵入，经 2～3 天潜育期后发病。病斑上可再产生分生孢子进行再侵染。阴雨潮湿气候易发病，果园密闭、通风差及偏施氮肥，磷肥钾肥不足，则发病重。

（3）防治方法。及时清除病残体，并集中深埋或烧毁，以减少菌源。加强栽培管理，合理修剪，去除多余副梢、卷须；适当增施钾肥，提倡种植绿肥。于发病初期喷 1∶0.7∶200 波尔多液、80％代森锰锌可湿性粉剂 800 倍液、70％甲基硫菌灵可湿性粉剂 800 倍液、10％苯醚甲环唑水分散粒剂 1 500 倍液，25％丙环唑乳油 2 500 倍液，一般 10～15 天喷一次，连喷 2～3 次。

3. 曲霉溃疡病

（1）症状。危害葡萄蔓，产生褐色或深褐色溃疡病，病斑可围绕枝干一周，导致其上枝蔓生长衰弱，直至叶蔓枯萎，发病后期溃疡斑上产生大量霉状物。

（2）发病规律。病菌以菌丝体和分生孢子在多种作物病残体及土壤中越冬，翌春产生分生孢子借气流传播侵染，在枝蔓逐渐木栓化，表皮组织抗性降低后发病，田间 7～8 月为主要的发病时期，一般红地球品种发病较重。

（3）防治方法。发现病蔓及时剪除烧毁；加强栽培管理，合理修剪，注意通风散湿，雨后及时排水，防止湿气滞留；增施农家肥，种植绿肥，提高抗病性；药剂防治，发病初期喷洒50％苯菌灵可湿性粉剂 1 500 倍液或 50％异菌脲可湿性粉剂 1 000～1 500 倍液、80％代森锰锌可湿性粉剂 800 倍液、40％氟硅唑乳油 6 000～8 000 倍液，重点喷枝蔓，尤其是刚开始木质化的幼蔓。

4. 葡萄栓皮病

（1）症状。多数品种仅表现为衰退，特有症状不明显。但有些品种症状较典型，如品丽珠。染病后，病株树势衰弱，发芽晚。在生长早期，枝蔓上出现1个或多个死果枝，蔓柔软而下垂，基部皮层纵裂，春末至夏初叶片开始变黄，逐渐反卷并转红色或黄褐色。生长后期，蔓呈淡紫色，已木质化的蔓上散生未木质化的绿色斑块。老蔓的树皮粗糙、增厚，剥去树皮，可见接口上下的木质部表面有槽沟，依病情程度不同，沟纹有深有浅，但这种症状仅在某些品种或砧木上呈现。病枝较脆，易折断，浆果延迟成熟，产量低，品质下降差。与葡萄卷叶病不同之处是叶片整体变红。

（2）发病规律。该病害主要通过带毒的繁殖材料自然传播。粉蚧可传播栓皮，也有报道证明指示植物 LN-33 表现症状。

（3）防治方法。选用无病母株进行无性繁殖；茎尖脱毒。当田间无法选拔无病母株时，可对优良品种进行脱毒。把葡萄苗置于38℃及适宜光照条件下百余天，然后再取茎尖进行组织培养，经检测确认无病毒时，再扩繁应用。

5. 葡萄茎痘病

（1）症状。美洲葡萄砧木极易感病，主要特征是砧木和接穗愈合处茎膨大，砧木细，接穗粗，皮层厚。剥开皮可见树皮背面有纵向的钉状物或凸起纹，在对应的木质部表面出现凹陷的孔或槽。病株长势差，矮小，萌芽晚4～5周。

茎痘病与栓皮病毒病的区别：在以沙地葡萄系统为砧木时，茎痘病只在接口以上的木质部表现症状，而栓皮病在接口上下均可出现症状。

（2）发病规律。目前已证实通过嫁接可传病，至于汁液是否传病还有待明确。茎痘病主要借带病插条、接穗或砧木进行传播。

（3）防治方法。建立无病母园，繁殖无病母本树，生产无病无性繁殖材料。对生产上有价值的品种，如已无法选出健株，应进行脱毒。把苗木置于 35～37 ℃条件下，每天光照 15 小时，光照度 2 500 勒克斯，共处理 150 天，脱毒时间若能延长一倍，效果更好。

（四）根部病害

1. 根癌病

（1）症状。主要危害葡萄根颈、主根、侧根及二年生以上近地部主蔓。染病初期病部产生内部柔软的似愈伤组织的浅绿色瘤状物，随后病瘤不断扩大，外皮粗糙不平，颜色加深呈褐色或黑褐色，内部组织木质化、坚硬、白色、球形、扁球形或不定形，雨季病瘤吸水后逐渐松软，变褐腐烂发臭（图 7-1）。感病植株地上部生长衰弱、叶片黄化，严重时死亡。

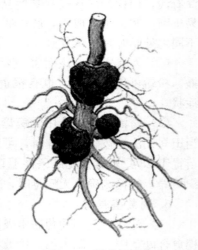

图 7-1　葡萄根癌病

（2）发病规律。根癌细菌主要在病部皮层内或混入土中越冬。当肿瘤组织腐烂破裂，病菌混入土中，病菌能在土壤中存活一年以上，通过雨水、灌溉流水及地下害虫如蝼蛄和土壤线虫等传播。而苗木带菌则是病害远距离传播的主要途径。从虫伤、机械伤、剪口、嫁接口及其他伤口侵入。侵入后只定植于皮层组织进行繁殖，其附近细胞受根癌细菌刺激后不断分裂繁殖，形成癌肿。土壤温湿度是根癌细菌侵染的重要条件，土壤高湿利于病菌侵染。温度在 28 ℃时癌瘤生长快，而高于 31～32 ℃或低于 26 ℃不利于形成或形成速度慢。砧木对发病也有影响，贝达和山葡萄砧木不利于发病，此外，土壤黏重，碱性或地势低洼、排水不良，发病重。耕作不慎或地下害虫危害，冬季压蔓、修剪等造成伤口利于病菌入侵，增加发病机会。插条假植时伤口愈合不好的，育成的苗木发病较多。

（3）防治方法。严格检疫和苗木消毒，葡萄根癌病主要通过带病苗木远距离传播，必须禁止引进病苗和病插穗。如发现病苗木应彻底剔除烧毁，对可能带病的苗木和接穗，用 1%硫酸铜浸 5 分钟，再放入 2%石灰溶液中浸 1～2 分钟消毒后再定植；选用抗病品种和砧木，可选用马林格尔、狮子眼、奈加拉、红玫瑰、黑莲子、莎巴珍珠等品种栽植。抗病砧木有河岸 2 号、6 号、9 号、和谐等。定期检查，发现病株应立即挖除并烧掉。加强栽培管理，对中性或微碱性土壤，增施酸性肥料、有机肥或绿肥，提高土壤酸度，改善土壤结构。

平地果园要注意雨后排水，降低果园湿度。耕作和田间操作时尽量避免伤根或损伤茎蔓基部；及时控制地下害虫和土壤线虫。新枝轮压，对严重病树，将其无病枝条按一定距离进行压土，当新生根后，于当年秋季将病根刨掉。刮除病瘤或清除病株，发现病株时，应扒开根周围土壤，用小刀将病瘤刮除，直至露出无病的木质部，刮除的病残组织应集中烧毁，病部涂高浓度石硫合剂或波尔多浆（硫酸铜 1 份、石灰 3 份、动物油 0.4 份、水 15 份）以保护伤口。对无法治疗的重病株，应及早拔除集中烧毁，同时挖除带菌土壤，换上无病新土后再定植。

生物防治。利用放射土壤杆菌 K84 制剂、E26 菌株或 HLB-2 菌株浸根、接穗、种子后定植，可预防病害的发生。

2. 葡萄圆斑根腐病

（1）症状。地下部先在须根上发病，致须根皮层变褐腐烂，随后向侧根、主根蔓延，形成红褐色圆斑，病斑可深达木质部，致木质部变红褐色、褐色或黑褐色，严重的可能死亡。地上部表现萌发推迟，萌芽后部分枝条或全株生长衰弱，常见4种发病类型即萎蔫型、青干型、叶缘枯焦型、枝枯型。

①萎蔫型。叶簇萎蔫，叶片向上卷曲变形，叶小而色浅，新梢抽生困难，花蕾皱缩不开裂或着果率极低，枝条失水，皱缩或枯死（枝条骤然青枯）。多发生4年以上树龄。

②青干型。染病后发病迅速，遇春季干旱高温时病株突然失水青干，多从叶缘向内发展。病健交界有明显红晕带。多发生在幼树上。

③叶缘枯焦型。春季如不干旱，病势发展缓慢，发病时，叶尖及边缘枯焦，但一般不落叶。

④枝枯型。根部严重腐烂，与烂根相应的大枝发生枯死，皮层变褐色下陷，病健皮层界限明显，后期坏死皮层易剥离，木质部变褐。由于生长条件及树势强弱的变化，病情也出现时起时伏，树势强健时，有的轻病树可自行恢复。由多种土壤中习居镰刀菌尖镰孢菌、腐皮镰孢菌和弯角镰孢菌，均属于半知菌亚门镰刀菌属真菌。

（2）发病规律。病原均为土壤习居菌或半习居菌，多数为弱寄生菌，可在土壤中长期营腐生生活。同时也可寄生于寄主植物上。因此，环境中作为初侵染的病菌是很广泛的。病菌多从伤口侵入，条件适宜时，3天就可完成侵染。侵染后如根系健壮多不发病，如树势衰弱或感染达到一定程度，才表现症状。当树根系生长衰弱时，病菌侵入根部发病，因此，导致根系生长衰弱的各种因素，都是诱发该病害发生的重要条件，如长期干旱缺肥、土壤板结、通气不良、土壤盐害、大小年严重、结果过多、杂草丛生以及其他病虫害严重等因素，都会导致该病发生。

（3）防治方法。提倡在未种植果树及林木的地块建园。尽量选用嫁接苗建园，嫁接砧木以贝达为好。土壤消毒，地面喷洒 50％福美双可湿性粉剂，碱性土壤可地面撒施硫酸亚铁。加强栽培管理，种植绿肥，合理施用有机肥，实行生草栽培；建好果园排灌系统，适时浇水和及时排水；合理确定负载量，避免大小年现象；注意控制地下害虫及土壤线虫，防止伤根。休眠期做好防冻、抗寒及抗旱工作，预防冻害、干旱等灾害发生。

发芽前采用硫酸铜 200～500 倍液、1 波美度石硫合剂、双效灵 200～300 倍液、嘧啶核苷酸类抗菌素水剂 200 倍液或喹啉酮 300 倍液灌根，每株灌药液 10～15 千克。早春发现病株后，土施美腐克，每株 100 克，撒于树下，深耕土壤，与土壤混匀后浇水。生长季发现病树后，立即刨出根系，并在伤口上涂菌毒清 10 倍液，或 3 波美度石硫合剂；生长季，开花前进行第二次灌根，对病株进行重点灌根防治。杀菌剂 70％甲基硫菌灵 500 倍液、50％多菌灵 800 倍液或 75％百菌清 800 倍液等。要连续灌。

在萌芽前，对上一年发现的病株扒土晾根，即将根颈暴露在外，晒 7～10 天后，再用 30～50 倍多菌灵消毒伤口，并施入发酵腐熟的饼肥或鸡粪后覆土浇水。

3. 葡萄根朽病

（1）症状。根部发病，主要危害主、侧根和根颈部，有浓厚的蘑菇味。发病初期，病部表面呈水渍状紫褐色病斑，软而肿胀，随后流出褐色黏液，病情严重时，皮层内及皮层与木质部之间有明显的白色扇形菌丝层，致病根木质部腐烂。新鲜病皮在黑暗处可发出蓝绿色的荧光。后期在高温多雨的季节，病树根颈周围的土面上簇生蜜黄色的蘑菇（即病菌的子实体）。树上发病，表现为部分蔓或整个蔓上叶片变小变薄，色淡，叶片从上而下逐渐黄化，脱落，新梢短，果多，果小，味差。

（2）发病规律。病菌以菌索及菌丝在土壤中的病残组织上长期腐生存活。菌索与健根相接触后，即可分泌胶质液而黏附健根，然后再产生小分枝，借助酶解和机械力量直接侵入根内。病菌还可分泌毒素杀死寄主细胞，菌索迅速生长穿透皮层组织，使大块皮层细胞死亡。病菌也可以通过射线侵入木质部，往往在其内形成许多黑线。然后又蔓延到主根及其他侧根。一般3～4月和8～9月为发生盛期。

根部受伤是发病的主要条件，特别是施肥位置不当，距离主干太近或过量施肥造成肥害，导致皮层腐烂，根朽病病菌容易侵入危害。此外，土壤黏重、土壤板结、多雨积水等导致根部通气不畅。土壤有机质缺乏、营养不良，树势衰弱发病重。

（3）防治方法。

① 果苗消毒。用2％石灰水或50％多菌灵可湿性粉剂消毒处理5～10分钟。雨季注意排水，以防积水伤根。增施磷钾肥、有机肥、微肥。要注意施肥位置，定植第一年的位置为距苗木30厘米以外的范围，第二年应施在树冠外。为防止病害继续蔓延扩展，对发病的植株可以进行药剂灌根，以杀死土壤中的病菌，使植株恢复健康。常用的土壤消毒剂有：70％甲基硫菌灵800倍液、50％苯菌灵1 000倍液、1％硫酸铜溶液、3波美度石硫合剂等，以上药剂用量为每株葡萄浇灌药液10千克左右。

② 发现病树。要挖开根区土壤寻找患病部位，清理根颈皮层腐烂部，用小刀彻底刮除病灶，刮下的病皮等要集中烧毁，同时要注意保护无病根，尽量减少损伤。清理患病部位后，在伤口处用1％硫酸铜液或波尔多液、50％多菌灵可湿性粉剂300倍液或70％甲基硫菌灵可湿性粉剂500倍液涂抹，较大伤口涂抹后，应用塑料薄膜包扎，加以保护。

③ 刨土晾根。于4月下旬刨开距树基部1米内的土壤，剪除病根，裸露主侧根，秋季再用土埋住，但要防止树穴灌水。

④ 隔离病株。发现少数病株应及早挖除，连同残根一起烧毁。再将病株周围的葡萄树挖去，周围挖1米深沟，然后土

壤用 2％福尔马林溶液杀菌或改换无病土壤。也可在病树与健树间挖深 1.5 米、宽 0.7 米的沟，切断它们根系接触，防止蔓延。

⑤ 灌根处理。在病害发生初期用 70％甲基硫菌灵可湿性粉剂 1 000 倍液或 50％多菌灵可湿性粉剂 1 000 倍液灌根，每株 25 千克。

4. 葡萄白纹羽病

（1）症状。地上部分发病初期表现生长较弱，但外观与健树无异。待根系大部分受害后叶片和卷须生长衰弱、瘦小，以后通常枯萎甚至全株死亡。地下部发病，先危害较细小的根，逐渐向侧根和主根上蔓延。发病时根表皮上长出水渍状褐色病斑，外表覆有白色至灰白色的羽状菌丝层，在白色菌丝层中夹杂有线条状的菌索，后呈灰色，有时可看到皮层内有圆形大小如油菜籽状的黑色菌核。当土壤潮湿时，菌丝体可蔓延到地表，呈白色蛛网状。病根皮层极易剥落，如鞘状套于木质部外面。由于根系腐烂，极易把病株从土中拔出。感病植株有的很快死亡，有的一年内慢慢枯死，也有的要到第二年才枯死。在苗木上最常见，发病后几周内即枯死。

（2）发病规律。病菌以菌丝体、根状菌索或菌核等随病根在土壤中越冬。当环境条件适宜时，由菌核或菌索长出营养菌丝，靠病、健根的接触侵染细根，被害细根腐朽以至消失，后逐渐扩展到侧根、主根。该病也可以侵染苗木，并通过苗木调运做远距离传播。该病 3 月中旬至 10 月下旬都能发生危害，其中 5～7 月温度高、湿度大、雨量多，有利于病害流行。

由于病菌可侵染多种寄主，以老果园改建的新果园发病较重。果园管理不当造成的机械伤和虫伤，特别是根颈处有机械伤口，可加重病害的发生。此外土壤板结、排水不良、湿度过大、土壤瘠薄、树势衰弱等都会加重病害的发生。

（3）防治方法。果园不要间作感病植物，如甘薯、马铃薯和大豆等，以防相互传染；做好果园排水工作，地下水位高的果园，要挖好排水沟，防止果园积水；有条件时可种植绿肥，增施钾肥，优化土壤环境。

① 苗木、土壤消毒。可用 2％石灰水或 70％甲基硫菌灵可湿性粉剂、50％多菌灵可湿性粉剂 800～1 000 倍液、0.5％硫酸铜、50％代森铵水剂 1 000 倍液等浸根 10～15 分钟，水洗后再行栽植。常用的土壤消毒剂有 70％甲基硫菌灵 800 倍液、50％苯来特 1 000 倍液、1％硫酸铜溶液，以上药剂用量为每株葡萄浇灌 10 千克左右。

② 病树治疗。发现病株应及时切除烂根，挖净病根集中烧毁，然后用 1％硫酸铜液消毒，涂伤口保护剂，病树处理后，扒出病根周围的土壤，并换上无病新土，再用 50％代森铵 500 倍液或 70％甲基硫菌灵可湿性粉剂 1 000 倍液浇灌。随后在病株周围挖 1 米以上的深沟，防止病菌向邻近健株蔓延传播，并及时施肥，如尿素或腐熟人粪尿等，以促使新根发生，迅速恢复树势。

5. 葡萄紫纹羽病

（1）症状。根部发病，发病先从小根开始，逐渐向侧根和主根蔓延。被害根的表面初期出现黄褐色不规则斑块，随后皮层表面产生紫红色丝网状物，并集结成中央致密、外面疏松的菌索。菌索在根表面蔓延，继而产生紫红色、半球形的菌核；被害根的皮层组织腐朽，与木质部容易脱离。病根周围的土壤也能见到菌丝块。树上部发病，发病初期，地上部无明显症状。之后，随根部病情发展，枝叶逐渐褪黄，生长缓慢，树势衰退，病株枯死往往需要几年。

（2）发病规律。病菌为弱寄生菌，腐生能力较强，且寄主范围较广，能以菌丝体、根状菌索和菌核在病根上或带菌土壤中越冬，菌核和菌索抵抗不良环境的能力很强，可在土壤中存活数年。条件适宜时长出菌丝，通过根部机械伤、虫伤、冻伤等伤口侵入根引起发病。病菌也可通过带病苗木远距离传播。病害发生盛期多在7～9月。

排水不良、地下水位高、土壤潮湿、土质黏重、偏酸性的果园均易发病。刺槐是该病的感病寄主，因此靠近带病刺槐的葡萄树易发病。生产上栽培管理粗放、杂草丛生，尤其夏秋季进入高温多雨季节，生长势弱的葡萄树发病重。

（3）防治方法。建园应该选用未种植过刺槐等感病林木的地块，以免病菌相互传播。选用无病苗木和苗木消毒。病菌可随苗木远距离传播，所以起苗、调运苗木时，要严格检疫检验，剔除病苗，并对健苗进行消毒处理。苗木消毒可用50%甲基硫菌灵800～1 000倍液、80%多菌灵可湿性粉剂800～1 000倍液、0.5%～1%硫酸铜溶液浸苗10～20分钟。加强栽培管理，增施有机肥及磷、钾肥，改良土壤，低洼积水地注意排水，合理整形修剪，疏花疏果，调节果树负载量，加强对其他病虫害的防治，以增强树体抗病力。

药剂防治。对地上部表现生长不良的果树，秋季应扒土晾根，找出发病部位并仔细清除病根，再用50%代森铵水剂400～500倍液、1%硫酸铜进行伤口消毒，然后涂保护剂波尔多浆等。也可以用50%代森铵水剂150～300倍液、50%氯溴异氰尿酸水溶性粉剂1 000倍液或43%戊唑醇2 000～3 000倍液浇灌消毒；后用净土埋好。对病株周围土壤，用50%福美双每株0.25千克，配制成1∶100的药土，均匀撒施病株周围土中。对重病树应尽早挖除。

6. 葡萄白绢病

（1）症状。白绢病主要发生在苗木和幼树的根颈部，也可危害叶片和果实。地上部发病，叶小且黄，上有褐色病斑，枝梢节间缩短，果多且小。严重时枝叶凋萎，当病斑环蔓一周后枯死，长出小菌核。根颈部感病，皮层褐色坏死，严重时腐烂，并溢出褐色汁液。后期病部及周围土壤生出许多初为白

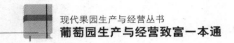

色、渐变为褐色、后期黑色的菜籽样小菌核。

（2）发病规律。病菌以菌丝体在病树根颈部或菌核在土壤中越冬。环境条件适宜时，从土壤中的根状菌索或菌核上长出营养菌丝，通过伤口侵害果树或苗木的根颈部，造成根颈部的皮层及木质部腐烂。菌核是白绢病菌传播的主要方式，它可以通过灌溉水、农事操作及苗木移栽传播。该病多在雨季发生，高温高湿是发病的重要条件。凡地势低洼、排水不畅或定植过深、培土过厚，或耕作不慎伤害根部、地下害虫或线虫严重引致伤口及死组织的发病重。

（3）防治方法。在调运果苗时，应严格检查，彻底剔除病苗。苗木消毒，可将苗木放入 1％硫酸铜液或 2％石灰乳中，浸渍 1 小时，水洗后再行栽植，也可用 70％甲基硫菌灵可湿性粉剂、50％多菌灵可湿性粉剂 800～1 000 倍液、50％代森铵水剂 1 000 倍液浸苗 10～15 分钟。加强果园管理，增施有机肥及磷、钾肥，改良土壤，酸性土壤可用消石灰每亩 100～150 千克中和，或多用充分腐熟的有机肥，低洼积水地块注意排水；合理整形修剪，疏花疏果，调节果树负载量；加强对其他地下病虫、线虫的防治，以增强树体抗病力。

药剂防治。发病初期，可用 50％代森铵水剂 800～1 000 倍液，或 70％敌磺钠可湿性粉剂 400～500 倍液，或 20％甲基立枯磷乳油 800～1 000 倍液灌根颈部，每株灌 0.3～0.5 千克稀释药液，隔 7～10 天再灌一次，连灌 2～3 次。也可用 50％福美双每株 0.25 千克，配制成 1∶100 的药土，均匀撒施病株周围土中。必要时，还可喷、灌结合，喷 20％甲基立枯磷乳油 800～1 000 倍液、5％菌毒清 500 倍液、70％甲基硫菌灵悬浮剂 8 000 倍液。

（五）虫害

1. 葡萄根瘤蚜　葡萄根瘤蚜是一种世界性的检疫对象，

曾经对葡萄生产发达的欧美国家造成过毁灭性的灾害。我国南方部分地区已经发现葡萄根瘤蚜，必须提高警惕。

（1）危害特点。葡萄根瘤蚜为严格的单食性害虫，它危害葡萄栽培品种时，美洲系和欧洲系品种的被害症状明显不同。危害美洲系品种时，它既能危害叶部也能危害根部，叶部受害后在葡萄叶背形成许多粒状虫瘿，称为叶瘿型，根部受害，以新生须根为主，也可危害主根，危害症状在须根的端部形成小米粒大小，呈菱形的瘤状结，在主根上形成较大的瘤状突起，称为根瘤型。欧洲系葡萄品种，主要使根部受害，症状与美洲系相似。但叶部一般不受害。在雨季根瘤常发生溃烂，并使皮层开裂，剥落，维管束遭到破坏，根部腐烂，影响水分和养分的吸收和运输。受害树体树势明显衰弱，提前黄叶、落叶，产量明显下降，严重时植株死亡。

（2）形态特征。根瘤蚜分为根瘤型和叶瘿型，我国发现的均为根瘤型。根瘤型无翅成蚜：体长1.2～1.5毫米，体型为长卵形，黄色或黄褐色，体背有许多黑色瘤状突起，上生1～2根刚毛；卵：长0.3毫米左右，长椭圆形，黄色略有光泽；若蚜：淡黄色，卵圆形。

（3）生活史及习性。葡萄根瘤蚜的生活史周期因寄主和发生地的不同有两种类型，在北美原产地有完整的生活史周期，即两性生殖和孤雌生殖交替进行，以两性卵在枝蔓上越冬，春季孵化为干母后只能危害美洲野生种和美洲系葡萄品种的叶，成为叶瘿型蚜，共繁殖7～8代，并陆续转入地下变为根瘤型蚜，在根部繁殖5～8代，以上均为无翅、孤雌卵生繁殖，至秋季才出现有翅产性雌蚜，在枝干和叶背孤雌产大（雌）、小（雄）两种卵，分别孵出雌、雄性蚜，不取食即交配，孤雌仅产1粒两性卵在枝条上越冬。

该蚜在传入欧、亚等地区后，其种型逐渐发生了变异，在以栽培欧洲系葡萄为主的广大地区，主要以根瘤型蚜为主，不发生或很少发生叶瘿型，秋季只有少量有翅蚜飞出土面，虽然在美洲野生种、美洲系品种、欧美杂交种和以美洲种作砧木的欧洲葡萄上也可发生叶瘿型蚜，但从未在枝干上发现过两性卵。

在我国山东烟台地区，以根瘤型蚜为主，每年发生8代，以初龄若蚜和少数卵在根杈缝隙处越冬。春季4月开始活动，先危害粗根，5月上旬开始产卵繁殖，全年以5月中旬至6月和9月的蚜量最多，7、8月雨季时被害根腐烂，蚜量下降，并转移至表土层须根上造成新根瘤，7~10月有12%~35%成为有翅产性蚜，但仅少数出土活动。在美洲品系上也发生少量叶瘿型蚜，但除美洲野生葡萄外，其他品种上的叶瘿型蚜均生长衰弱不能成活。枝条上未发现过两性卵。

根瘤型蚜完成一代需17~29天，每雌可产卵数粒至数十粒不等。卵和若蚜的耐寒力强，在-14~-13℃时才死亡，越冬死亡率35%~50%，4~10月平均气温13~18℃，降水量平均100~200毫米时最适其发生，7、8月干旱少雨发生猖獗，多雨则受抑制。一般疏松、有缝隙的壤土、山地黏土和石砾土发生较为严重，而沙土因间隙小、土温变化大可抑制其危害。插条和包装材料的异地调运则是远距离传播的主要途径。

葡萄根瘤蚜生长期对环境的适应过程中还在不断发生着变异，例如，对某些欧洲种葡萄品种有逐渐适应产生叶瘿型蚜的趋向，对某些抗蚜品种也逐渐产生了适应性；又如据苏联研究，少数有性蚜可在根部产越冬卵；中国也曾发现少数有翅蚜可产3种卵，其中1种卵孵出的若蚜有口器。以上问题均需进一步深入研究。

（4）防治方法。葡萄根瘤蚜唯一的传播途径是苗木，在检疫苗木时要特别注意根系及所带泥土有无蚜卵、若虫或成虫，一旦发现，立即就地销毁。对于未发现根瘤蚜的苗木也要严格消毒，其方法是：将苗木和枝条用50%辛硫磷1500倍液或

80％敌敌畏乳剂 1 000～1 500 倍液浸泡 10～15 分钟。

在发病地区建葡萄园，采用抗根瘤蚜的砧木如 SO4、5BB 等进行嫁接栽培是唯一有效的防治措施。目前，尚无彻底有效的治疗措施。

2. 根结线虫

（1）症状。葡萄植株地上部生长迟缓，植株矮小，萌芽推迟，叶片黄化细小，开花延迟，花穗短，花蕾少，果实小。地下部，根结线虫病危害后，侧根和须根形成大量瘤状根结，使根系生长不良，发育受阻，侧根、须根短小，输导组织受到破坏，吸水吸肥能力降低。主要是南方根结线虫危害。

（2）发生规律。线虫以雌虫、卵和二龄幼虫在葡萄及其他寄主病残根和根际土壤内越冬。翌年春季温度回升时，以二龄幼虫侵染新生侧根、须根，形成新的瘤状根结。4 月上中旬至 5 月中旬为盛发期。通过病苗、流水、病土、病株残根、人畜作业带病等传播。5～20 厘米平均地温低于 10 ℃或超过 36 ℃，线虫很少侵染，22～30 ℃最适合侵染危害。土质疏松、沙土地病重，黏土地病较轻。

（3）防治方法。严格检疫，不从病区引种苗木，确需引种应严格消毒，一般用 50 ℃的热水浸泡 10 分钟。也可通过引种种条避开危害；不在病园中育苗，新植园应种植无病苗。选择园地时，前作作物避开番茄、黄瓜、落叶果树等线虫良好寄主；使用抗性品种或砧木，已选出的有 Dogridge、Ramsey、1613C等；搞好田间清园。发现带病株后，应及时拔除病株集中烧毁，根区土壤宜挖除长、宽 20 厘米，深 10～15 厘米，拿出园外深埋，病株坑用石灰消毒；混种间作，秋季于寒露前后，在葡萄田块行间，种植葱、蒜、茼蒿等，发病程度可明显减轻。翻晒病田，在高温季节，可把病区的土层浅翻 10～15 厘米，暴露在阳光下，杀死土壤表层部分线虫和卵，减少危害。

药剂防治。苗木栽植前土壤熏蒸。受害病株在生长季二龄幼虫开始活动时，用益舒宝 500～700 倍液灌根区，株灌250～500克，灌淋根区面积应在 20 厘米^2 以上；或用益舒宝颗粒剂株施 5～10 克。先扒开表层土 8～12 厘米，后均匀撒药，再覆盖土。每公顷施药量 45～90 千克，先与 3～5 倍细土混匀，在树根集中分布区开沟施入，覆土后浇少量水。

（六）生理性病害

1. 缺氮症

（1）症状。从下部叶片开始失绿黄化，叶小而薄、提早脱落；新梢生长缓慢，枝蔓细弱、节间短；植株矮小；花序纤细、果穗松散，成熟期不齐，大量落花落果、产量降低。

（2）发病规律。土壤肥力差，缺乏有机质和氮素含量低以及管理粗放，杂草丛生易引起缺氮。7～8 月叶片氮含量低于1.3％时，即缺氮。

（3）防治方法。根施氮肥，结合施有机肥，每亩施尿素30～50 千克以上；追肥，生长期追施适量氮肥。其中前期应以速效氮肥为主，果实成熟前控制氮肥，采收后适量根施速效氮肥；叶面喷施，常用叶面肥有尿素、硫酸铵、硝酸铵等，其中以尿素效果较好。常用的浓度为 0.2％～0.5％尿素溶液。但氮素过量会引起枝叶徒长，延迟浆果成熟与着色，影响花芽分化，枝条易受冻害。

2. 缺磷症

（1）症状。叶片发病先从基部老叶开始逐渐向上部新叶发展。叶片变小、无光泽，向上卷曲，出现红紫斑；副梢生长衰弱，花序柔嫩，花梗细长，易落花落果、果实成熟迟，着色差，含糖量低。萌芽晚，萌发率也低。

（2）发病规律。磷素一般从葡萄萌芽开始吸收，到果实膨大期以后逐渐减少，进入成熟期几乎停止吸收。但是，在果实膨大期，原贮藏在茎、叶的磷素，大量转移到果实中去。果实采收以后，茎、叶内的磷含量又逐渐增加。葡萄叶片中磷（P_2O_5）含量低于 0.14％时为缺乏，0.14％～0.41％为适量；叶柄中磷（P_2O_5）含量小于 0.1％时为缺乏，0.10％～0.44％为适量。

（3）防治方法。增施腐熟有机肥，促进葡萄根系对磷的吸收；酸性土壤施用石灰，调节土壤 pH，以提高土壤磷的有效性；根施磷肥，开花前每亩施磷肥 20～40 千克，以促进花序发育，促进坐果；果实着色、枝条成熟期，每亩可施磷肥20～40 千克，促果实着色、增加浆果含糖量和促进枝条充实；采收后，每株成龄树一般施过磷酸钙 0.5～1 千克，与其他肥料一同深施于树盘内或施肥沟内即可。

叶面追肥，常用种类有磷酸铵、过磷酸钙、磷酸钾、磷酸二氢钾等，其中以磷酸二氢钾和磷酸铵效果较好。常用浓度为 0.2％～0.3％磷酸二氢钾溶液、0.5％～2.0％过磷酸钙浸出液。一般幼果膨大期每 7～10 天喷施一次，共喷 2～3 次。

注意磷过量会阻碍葡萄植株对其他营养元素的吸收，诱发缺锌、缺铁等症状。

3. 缺钾症

（1）症状。叶片发病，基部老叶边缘和叶脉失绿黄化，发展成黄褐色斑块，严重时叶缘呈烧焦状；植株矮小，枝蔓发育不良，脆而易断，抗性降低，果实粒小而少、味酸、着色不良，果皮易裂，果梗变褐，成熟不整齐，易落果。

（2）发生规律。葡萄缺钾多在旺盛生长期出现。土壤速效钾含量在 40 毫克/千克以下时发病严重。一般细沙土、酸性土以及有机质少的土壤易发生缺钾症。

（3）防治方法。增施有机肥或沤制的堆肥，如草木灰、腐熟的植物秸秆及其他农家肥；每株葡萄施草木灰 500～1 000

克或每亩施 50％硫酸钾 50 千克，分两次施，第一次在花后 20
天，第二次在硬核前，采用沟施或穴施。也可每亩施氯化钾
100～150 克；叶面喷施 3％ 草木灰浸出液或硫酸钾溶液 500
倍液、0.2％～0.3％磷酸二氢钾溶液。注意钾肥不易过量，否
则会引起缺镁症。

4. 缺钙症

（1）症状。葡萄缺钙，叶色变淡、幼叶脉间及叶缘褪绿，
随后在近叶缘处有针头大小褐色斑点，后叶缘焦枯，叶片向下
卷曲，新梢顶端生长点枯死；新根短粗、弯曲，根尖易变褐枯
死；花朵萎缩，果实糖分积累少，味淡，果粉少，不耐贮藏。

（2）发生规律。土壤中钾、铵、钠、镁等离子过多，阻碍
了对钙的吸收易引起缺钙；空气湿度小，水分蒸发快，土壤干
旱，土壤溶液浓度大等都不利于钙的吸收，易引起缺钙症。

（3）防治方法。适量灌溉，保证水分充足；根施，每亩施
石灰 75～100 千克或草木灰 200～300 千克；叶面喷施，2％过
磷酸钙浸出液或 0.3％氯化钙水溶液。注意避免一次性施用大
量钾肥和氮肥。

5. 缺镁症

（1）病状。蔓基部老叶从叶缘开始逐渐向内失绿黄化，叶
脉发紫，脉间失绿呈黄白色，部分灰白色；中部叶片叶脉绿
色，脉间黄绿色。上部叶片水渍状，后形成较大的坏死斑块；
果实着色差、成熟推迟、糖分低，但果粒大小和产量变化
不大。

（2）发生规律。主要是由于有机肥不足或质量差，导致土
壤中可置换性镁不足，造成土壤镁不足而引起。酸性土壤中镁
元素较易流失，施钾肥及石灰过多影响植株对镁的吸收，造成
缺镁。尤其是夏季大雨过后，缺镁更为显著。

（3）防治方法。定植时要施足优质有机肥料；叶面喷施，
在葡萄开始出现缺镁症时，叶面喷 3％～4％硫酸镁，隔 20～

30 天喷一次，共喷 3～4 次；根施，缺镁严重土壤，每亩施硫酸镁 100 千克。也可开沟施入硫酸镁，每株 0.9～1.5 千克，连施两年，可与有机肥混施。注意缺镁严重的葡萄园应适量减少钾肥的施用量，提倡平衡施用氮、磷、钾、镁肥。

6. 缺铁症

（1）症状。新生叶片叶脉间失绿，逐渐发展至整个叶片呈黄绿色到黄色，但叶脉仍为绿色，严重时由病梢叶片开始，从上而下叶片呈黄白色到白色，上有褐色坏死斑，叶片看似灼烧状，最后干枯死亡。新梢生长缓慢；花穗及穗轴变为浅黄色，坐果少，果实色浅粒小，发育不良。

（2）发病规律。铁可以促进多种酶的活性，缺铁时叶绿素的形成受到影响使叶片褪绿。田间铁以氧化物、氢氧化物、磷酸盐、硅酸盐等化合物存在于土壤里，分解后释放出少量铁，以离子状态或复合有机物被根吸收。但有时土壤中不一定缺铁，而是土壤状况限制根吸收铁，如黏土、土壤排水不良、土温过低或含盐量增高都容易引起铁的供应不足。尤其是春季寒冷、湿度大或晚春气温突然升高新梢生长速度过快易引起缺铁。由于铁以离子的形式在葡萄植株体内运转，并与蛋白质结合形成复杂的有机化合物，所以不能在葡萄植株体内从一个部位移到另一个部位，从而导致新梢或新展开的叶片易显症。

（3）防治方法。加强栽培管理，早春浇水要设法延长水流距离，以提高水温和地温；增施有机肥，及时松土，降低土壤含盐量；调节土壤酸碱度，使土壤 pH 达到 6～6.5；叶面喷 0.1%～0.2%硫酸亚铁溶液，隔 15～20 天喷一次；涂抹枝条，可用硫酸亚铁涂抹枝条，使用浓度为每升水加硫酸亚铁 179～197 克，修剪后涂抹顶芽以上部位。

7. 缺硼症

（1）症状。葡萄缺硼时，植株矮小，副梢生长弱、节间变短，顶端生长点易萎缩枯死；新梢顶端的幼叶出现淡黄色小斑点，叶片明显变小、增厚、发脆、皱缩、向下弯曲，叶缘出现失绿黄斑，随后连成一片，使叶脉间的组织变黄色，最后变褐色枯死；花序附近的叶片出现不规则淡黄色斑点，并逐渐扩展，重者脱落；花序小，花蕾少，开花时花冠常不脱落或花期落花落果严重，果穗中无籽小果增多；根系分布浅，易死根。

（2）发病规律。植物对硼的需要量很少，硼属微量元素。硼存在于植物幼嫩的细胞壁之中，它对细胞的分裂和生长，对组织的分化和建造细胞壁有密切的关系。同时，它对一些酶的活动、碳水化合物的运输都是不可少的。因此，葡萄缺硼就会表现上述种种症状。

葡萄缺硼症状的发生与土壤结构、有机肥施用量有关。在缺乏有机质的瘠薄土壤或土壤干旱地区缺硼现象较为严重。土壤 pH 高达 7.5～8.5 或易干燥的沙性土容易发生缺硼症。根系分布浅或受线虫侵染削弱根系，阻碍根系吸收功能，也容易发生缺硼症。

（3）防治方法。增施优质有机肥，改良土壤结构，增加土壤肥力；适时浇水，提高土壤可溶性硼的含量，以利植株吸收；土壤施硼，结合秋施基肥，每株追施硼砂或硼酸 50 克，以补充硼的不足；叶面喷硼。花前一周、盛花期连续喷施 2 次 0.1%～0.3%的硼砂（或硼酸）溶液。

8. 缺锰症

（1）症状。主要是幼叶先表现病状，最初在主脉和侧脉间出现淡绿色至黄色，黄化面积扩大时，大部分叶片在主脉之间失绿，而侧脉之间仍保持绿色。会影响植株新梢、叶片、果粒的生长与成熟。与缺镁症不同的是褪绿部分与绿色部分界限不清晰，叶片上也不出现变褐枯死斑。

缺锰症状应和缺锌、缺铁、缺镁区分。缺锌症状最初在新生长的枝叶上出现，包括叶变形。缺铁症状也出现在新生长的枝叶上，但引起更细的绿色叶脉间，衬以黄色的叶肉组织。缺锰和缺镁的症状，先在基部叶片出现，大量发生在第一和第二叶脉之间，发展成为较完整的黄色带。

（2）发病规律。锰对植物的光合作用和碳水化合物代谢有促进作用。缺锰会阻碍叶绿素形成，影响蛋白质合成，植株出现褪绿黄化的症状。酸性土壤一般不会缺锰，但土壤黏重、通气不良、地下水位高、pH 高的土壤易发生缺锰症。锰元素在植物体内不易运转，在植株生长过程中有促进酶的活动，协助叶绿素形成的作用。

主要发生于碱性土、沙土。土壤中的锰来源于铁锰矿石的分解，氧化锰或锰离子存在于土壤溶液中并被吸附在土壤胶体内，土壤酸碱度影响植株对锰的吸收，在酸性土中，植株吸收量增多。分析表明，叶柄含锰 3～20 毫克/千克时，可显现缺锰症状。

（3）防治方法。增施有机肥，改善土壤；及时用 0.1%～0.2%硫酸锰溶液（加半量石灰）叶面喷洒，其配法如下：在 13 升水中溶解 400 克硫酸锰；在另一容器中称取 200 克生石灰，用少量热水化开，加水至 13 升，充分搅拌，将此石灰液加入到硫酸锰溶液中并搅拌，最后加水至 130 升，可喷布 1 亩地的葡萄园。通常在开花前喷 2 次，间隔 7 天。

9. 缺锌症

（1）症状。新梢顶端叶片狭小失绿，叶片基部开张角度大，边缘锯齿变尖，叶片不对称。新梢节间缩短，有的品种表现为果穗松散、少籽或无籽，果粒小，有大小粒现象。在沙壤土、碱性土或贫瘠的山坡丘陵果园容易发生缺锌症。

（2）发病规律。碱性土壤中，锌盐常呈难溶解状态，不易被吸收，造成葡萄缺锌。沙质土由于雨水冲刷易导致锌流失，土壤内含锌量低引起缺锌。去掉表土的土壤易出现缺锌症状。由于大多数土壤能固定锌，所以葡萄植株虽然需锌很少（每亩约 37 克），却难于从土壤吸取。白玫瑰香、绯红等品种易缺锌。

（3）防治方法。加强管理，在沙地和盐碱地增施腐熟有机肥；剪口涂抹锌盐，葡萄缺锌时，于剪口处涂抹硫酸锌；结合施有机肥，亩施 100 千克硫酸锌；若因缺镁、缺铜引起的缺锌，必须同时施用含镁、铜、锌的肥料效果好；根外喷施，花前 2～3 周或发现缺锌时可用 0.05％～0.1％硫酸锌叶面喷雾，喷施浓度切忌过高，以免产生药害。补救措施，在开花前 1 周或发现缺锌时，用 0.1％～0.2％硫酸锌溶液叶面喷洒。

10. 葡萄裂果

（1）症状。主要发生在果实近成熟期。果皮和果肉呈纵向开裂，有时露出种子。裂口处易感染霉菌或腐烂，失去经济价值。

（2）发病规律。主要由于生长后期土壤水分变化过大，果实膨压骤增所致。尤其是葡萄生长前期比较干旱，近成熟期遇到大雨或大水漫灌，根从土壤中吸收水分，使果实膨压增大，导致果粒纵向开裂。地势低洼、土壤黏重、灌溉条件差、排水不良的地区发病重。

（3）防治方法。增施有机肥或施用腐熟的堆肥，疏松土壤，适时适量灌水、及时排水，避免水分变化过大，生长后期要防止大水漫灌。适当疏果，保持适宜的坐果量。疏果后套袋，于采收前 20 天左右摘袋，以促进果实上色，可有效防止裂果。

防止缺钙症，施化肥或有机肥时，拌入适量过磷酸钙；生长期缺钙，可用赛金肥二号（钙硼型）1 000～2 000 倍液、佳加钙 1 000～1 200 倍液或钙达灵 2 000～3 000 倍液喷洒果实和叶面。在土壤干旱时及时灌水。

11. 葡萄转色病（水罐子病）

（1）症状。主要表现在果穗上，一般在果实上浆后至成熟期表现症状，往往在果穗的尖端数粒至数十粒果颜色表现不正常，在有色品种上，病果粒色泽暗淡；在白色品种上病果粒表现为水渍状，感病果粒糖度降低，味很酸，果肉逐渐变软，皮肉极易分离，成为一包酸水，用手轻捏，水滴成串溢出，故有"水罐子"之称。该病又称转色病或水红粒。在果梗上产生褐色圆形或椭圆形褐色病斑。果梗与果粒间易产生离层，病果极易脱落。

（2）发病规律。原因是树体内营养物质不足而导致的生理机能失调所致；一般表现在树势弱、摘心重、负载量过多、肥料不足或有效叶面积小时；在留 1 次果数量较多，又留用较多的 2 次果时，尤其是土壤瘠薄又发生干旱时发病严重；地势低洼、土壤黏重，易积水处发病重；在果实成熟期高温后遇雨，田间湿度大、温度高，影响养分的转化，发病也重。总之，是由诸多因素综合作用所致。

（3）防治方法。加强栽培管理，适时适量施氮肥，增施磷、钾肥，提高树体抗病力；合理控制果实负载量，合理修剪，增大叶果比，以减轻该病发生；对主梢叶适当多留，一般留 12～15 片叶。在植株生长势弱的情况下，一般应每枝只留 1 穗果，保证果实品质；干旱季节及时灌水，低洼园子注意排水，及时锄草，勤松土，保持土壤适宜湿度。

12. 葡萄落花落果病

（1）症状。开花前 1 周的花蕾和开花后子房的脱落为落花落果，其落花落果率在 80％以上者，称为落花落果病。

（2）发病规律。花蕾由于受外界条件的影响不能受精，或花蕾生长发育缺乏养分，如缺硼，而造成花蕾或幼果的大量脱落；主要是由于外界环境条件的变化，影响授粉受精而造成大量落花落果。如花期干旱或阴雨连绵，或花期刮大风或遇低温等，都能造成受精不良而大量落花落果；施氮肥过多，花期新梢徒长，营养生长与生殖生长争夺养分，使花穗发育营养不足而造成落花落果；留枝过密，通风透光条件差；植株生长缺硼，则限制花粉的萌发和花粉管正常的生长，也严重影响坐果率。

（3）防治方法。对落花落果严重的品种如玫瑰香、巨峰等可在花前 3～5 天摘心，以控制营养生长，促进生殖生长；对生长势过旺的品种要注意轻剪长放，削弱营养生长，缓和树势；花前和花后必须进行追肥和灌溉，多施磷钾肥，控制氮肥施用；开花前喷丁酰肼或矮壮素等生长调节剂，可抑制营养生长，改善花期营养状况；花前喷 0.05％～0.1％的硼砂，可提高坐果率。也可在离树干 30～50 厘米处撒施硼砂，施后接着灌水，均可收到良好的防治效果。

（七）自然灾害

1. 高温伤害

（1）高温伤害的原因及表现。高温对植物的伤害，也称为热害或日灼。果实受害，果面出现浅褐色的斑块，后扩大，稍凹陷，成为褐色、圆形、边缘不明显的干疤。受害处易遭受炭疽病的危害。果实着色期至成熟期停止发生。高温一是可以造成物理伤害；另一个危害是高温使植物体新陈代谢失调，致使光合作用和呼吸作用失调，不利于其生长发育，造成很多北方树种、高寒树种在南方生长不良，存活困难。

高温对葡萄的伤害程度，因树种、品种、器官和组织状况而异，同时受环境条件和栽培措施的影响。不同树种或同一树种的不同时期对高温的敏感性不同，同一树种的幼树，皮薄、组织幼嫩易遭高温的伤害。当气候干燥、土壤水分不足时，因根系吸收的水分不能弥补蒸腾的损耗，将会加剧叶子的灼伤。树木生长环境的突然变化和根系的损伤也容易引起日灼。

（2）发病规律。主要原因为果实在缺少叶片荫蔽的高温条件下，果面局部失水而发生灼伤或是渗透压高的叶片向渗透压低的果实争夺水分所造成。葡萄日烧病是由于果穗缺少荫蔽，在烈日暴晒下，果粒表面灼伤、失水，形成褐色斑块。篱架比棚架发病重；幼果膨大至上浆前天气干旱时发病重；摘心重，副梢叶面积小时发病重；叶片小，副梢少的品种发病重；施氮肥过多的植株，叶面积大，蒸发量也大，则果实日烧病也重；天气从凉爽突然变为炎热时，果面组织不能适应突变的高温环境，也易发生日烧。在济南地区一般 6 月中下旬发生。欧亚种葡萄如白莲子、瓶儿、黑罕等发病也较重。

（3）防治方法。对易发生日烧病的品种，夏季修剪时，在果穗附近多留些叶片或副梢，使果穗荫蔽；合理施肥，控制氮肥施用过量，避免植株徒长加重日烧；雨后注意排水，及时松土，保持土壤的通透性，有利树体对水分的吸收。

2. 霜和霜冻

（1）发生原因。霜是由于贴近地面的空气受地面辐射冷却的影响而降温到霜点。即气层中地物表面温度或地面温度降到 0 ℃以下，所含水汽的过饱和部分在地面一些传热性能不好的物体上凝华成的白色冰晶。其结构松散。一般在冷季夜间到清晨的一段时间内形成。形成时多为静风。霜在洞穴里、冰川的裂缝口和雪面上有时也会出现。

霜冻是生长季节里植株体温降低到 0 ℃以下，而受害是一种农业气象灾害。霜冻与气象学中的霜在概念上是不一样的，前者与作物受害联系在一起，后者仅仅是一种天气现象（白霜）。发生霜冻时如空气中水汽含量少，就可能不会出现白霜。出现白霜时，有的作物也不会发生霜冻。

霜冻对葡萄造成伤害的原因是由于树体内部细胞与细胞之间的水分，当温度降到 0 ℃以下时就开始结冰，同时体积发生膨胀使细胞受到压缩，细胞内部的水分被迫向胞外渗透出来。当细胞失掉过多的水分后，它内部原来的胶状物就逐渐凝固起来，特别是在严寒霜冻以后，气温又突然回升，渗出来的水分很快变成水汽散失掉，细胞失去的水分没法复原，植株便会死去。

（2）霜冻的预防。灌溉既能增加空气湿度，又可减少辐射冷却，使夜间葡萄的叶面温度比不灌水的提高 1～2 ℃。灌水选择在冷空气过后而霜冻还未发生时最好，也可在苗木霜后第二天太阳未出之前，采用喷雾式，给植株喷水洗霜。在霜冻来临前 3～4 天，在田地里施上厩肥、堆肥、草木灰等暖性肥料，既能提高地温和土壤肥力，又能增强机体抗寒能力。霜冻过后，也要多给苗木加些钾肥，让它们更快从霜冻的伤害中恢复过来。

3. 雹灾 冰雹是对流性雹云降落的一种固态水，也称为"雹"，俗称雹子，有的地区称为冷子和冷蛋子等，夏季或春夏之交最为常见。它是一些小如绿豆、黄豆，大似栗子、鸡蛋的冰粒。我国除广东、湖南、湖北、福建、江西等省冰雹较少外，各地每年都会受到不同程度的雹灾。尤其是北方的山区及丘陵地区，地形复杂，天气多变，冰雹多，受害重，对农业危害很大。猛烈的冰雹打毁庄稼，损坏房屋，人被砸伤、牲畜被砸死的情况也常常发生；特大的冰雹甚至能比柚子还大，会致人死亡、毁坏大片农田和树木、摧毁建筑物和车辆等。具有强大的杀伤力。冰雹是我国的重要灾害性天气之一，冰雹出现的范围小，时间短，但来势凶猛，强度大，常伴有狂风骤雨，短时间内将叶片打落甚至将苗木打折，因此往往给葡萄生产带来巨大打击。

（1）雹灾的预防。冰雹对葡萄的伤害主要是机械打伤和相伴随的风害。冰雹轻者打伤枝芽叶，重者打烂树皮、折断主干。阵性大风还可刮倒树苗甚至连根拔出。

冰雹每次降雹的范围都很小，一般宽度为几米到几千米，长度为 20～30 千米，所以民间有"雹打一条线"的说法。冰雹发生有一定的规律性，与地势关系很大，因此，建立苗圃要避开经常发生雹灾的地区。在雹灾多发地区，可架设防雹网来预防雹灾，这是目前最为有效的防雹手段。防雹网是一种采用添加防老化、抗紫外线等化学助剂的聚乙烯为主要原料，经拉丝制造而成的网状织物，具有拉力强度大、抗热、耐水、耐腐蚀、耐老化等优点。常规使用收藏轻便，正确保管寿命可达3～5年。防雹网还可以和遮阳网，防鸟网等结合使用。此外，有条件的地区还可以用火箭、高炮或飞机直接把碘化银、碘化铅、干冰等催化剂送到云里去或在地面上把碘化银、碘化铅、干冰等催化剂在积雨云形成以前送到自由大气里，使云形成降水，以减少云中的水分，以抑制雹胚增长。

（2）雹灾后的补救。雹灾发生后，要及时采取措施进行补救，治疗和恢复树体，并加强肥水管理和病虫防治，把损失降到最小。暴风骤雨停止，冰雹融化后，立即排除积水，清除园地和树体枝、叶上的淤泥。必要时扒开根颈周围的土壤晾根，以防长时间积水浸泡树根，导致根系腐烂。对已劈裂或被折坏的枝条，在适当位置加以短截，尽量使剪截口小些，剪口光滑，以利剪口愈合。对劈裂较轻的枝条，可用塑料薄膜包裹后，促进愈合。被冰雹砸伤后，树皮翘起者，刮掉翘皮促进伤口愈合。尽快将落叶连同病叶，集中在果园外加以处理。雹灾过后，需要给树补充营养，促进树的营养生长，尽快恢复树势。补肥应以氮、磷肥为主。可以叶面喷0.3％～0.5％尿素加0.3％～0.4％的磷酸二氢钾，喷2～3次，或对主干涂3～5倍的氨基酸加5％尿素。应在秋季早施基肥，多施腐熟有机肥。天晴后，应立即喷广谱性杀菌剂或结合叶面喷肥加入杀虫剂，可选用5％安索菌素清500倍液，或70％甲基硫菌灵800倍液与磷酸二氢钾300倍液和尿素200倍液混喷，防治病虫。此外，一定要清除伤枝、落叶，减少病虫发生源。

三、葡萄园推荐的农药

自 2007 年起，国家已经出台相关政策，规定果园全面禁止使用任何高毒农药，全面停止生产甲胺磷、对硫磷、甲基对硫磷、久效磷、磷胺这 5 种高毒农药。葡萄园农药的使用，必须从保护环境污染及食品安全的角度考虑，尽量使用低毒无害的农药。

（一）农药使用原则

尽量不用化学药剂；尽量使用选择性药剂；前期可用残效期长的药剂，后期用残效期短的药剂；考虑必要的病虫害的兼治作用，减少喷药次数；轮换用药，每种农药不能连续使用。

（二）葡萄园已登记的农药及使用方法

目前，葡萄园中已经登记的农药及使用量见表 7 - 1。

表 7 - 1 葡萄园已登记的部分农药品种

防治对象	农药名称	剂型
白粉病	嘧啶核苷酸类抗菌素	2％、4％水剂
	石硫合剂	29％水剂
	百菌清	75％可湿性粉剂
	甲基硫菌灵	36％悬浮剂，75％可湿性粉剂
	己唑醇	5％、10％微乳剂，5％悬浮剂
白腐病	代森锰锌	70％、80％可湿性粉剂
	福美双	50％可湿性粉剂
	戊唑醇	250 克/升水乳剂
	氟硅唑	10％水乳剂，40％乳油
	戊菌唑	10％乳油

（续）

防治对象	农药名称	剂型
	波尔锰锌	78%可湿性粉剂
	克菌戊唑	400克/升悬浮剂
	咪唑代森联	60%水分散粒剂
霜霉病	波尔多液	80%可湿性粉剂
	氧化亚铜	86.2%可湿性粉剂
	氢氧化铜	77%可湿性粉剂
	代森锰锌	70%、80%可湿性粉剂
	丙森锌	70%可湿性粉剂
	硫酸铜钙	77%可湿性粉剂
	克菌丹	50%可湿性粉剂
	嘧菌酯	250克/升悬浮剂，30%悬浮剂
	咪唑代森联	60%水分散粒剂
	氰霜唑	100克/升悬浮剂
	烯酰吗啉	10%~25%悬浮剂，50%可湿性粉剂
	双炔酰菌胺	23.4%悬浮剂
	烯酰松铜	25%水乳剂
	波尔锰锌	78%可湿性粉剂
	克菌戊唑	400克/升悬浮剂
	甲霜锰锌	58%可湿性粉剂
	丙森锌（霉威）	66.8%可湿性粉剂
	唑铜锰锌	68.75%水分散粒剂
	烯肟霜脲氰	25%可湿性粉剂
	烯酰锰锌	69%可湿性粉剂
黑痘病	代森锰锌	70%、80%可湿性粉剂
	苯醚甲环唑	10%水分散粒剂
	亚胺唑	5%可湿性粉剂

（续）

防治对象	农药名称	剂型
	咪鲜胺锰盐	50％可湿性粉剂
	咪鲜胺	25％乳油
	氟硅唑	10％水乳剂，40％乳油
	噻菌灵	40％可湿性粉剂
	喹啉酮噻菌灵	53％可湿性粉剂
	锰锌烯唑醇	32.5％可湿性粉剂
炭疽病	氟硅唑	10％水乳剂，40％乳油
	腈菌唑	40％可湿性粉剂
	克菌戊唑	400克/升悬浮剂
灰霉病	异菌脲	500克/升可湿性粉剂
	嘧霉胺	400克/升可悬浮剂
	腐霉利	50％可湿性粉剂
	啶酰菌胺	50％水分散粒剂
介壳虫	噻虫嗪	25％水分散粒剂

四、葡萄园农药使用相关规定与标准

（一）国家明令禁止使用的农药

截止到2017年，国家明令禁止使用的农药有六六六、滴滴涕、毒杀芬、二溴氯丙烷、杀虫脒、二溴乙烷、除草醚、艾氏剂、狄氏剂、汞制剂、砷类、铅类、敌枯双、氟乙酰胺、甘氟、毒鼠强、氟乙酸钠、毒鼠硅，甲胺磷、甲基对硫磷、对硫磷、久效磷、磷胺、苯线磷、地虫硫磷、甲基硫环磷、磷化钙、磷化镁、磷化锌、硫线磷、蝇毒磷、治螟磷、特丁硫磷、氯磺隆、福美胂、福美甲胂、胺苯磺隆单剂、甲磺隆单剂、百草枯、胺苯磺隆复配剂、甲磺隆复配剂、三氯杀螨醇等 42 种。

（二）限制使用的农药

在果树上限制使用的有甲拌磷、甲基异柳磷、内吸磷、克百威、涕灭威、灭线磷、硫环磷、氯唑磷、灭多威、硫丹等高毒农药。任何农药产品都不得超出农药登记批准的使用范围使用。

（三）无公害农产品生产对农药使用的规定

1. 无公害农产品的概念　无公害农产品是指产地环境符合无公害农产品的生态环境质量，生产过程必须符合规定的农产品质量标准和规范，有毒有害物质残留量控制在安全质量允许范围内，安全质量指标符合《无公害农产品（食品）标准》的农、牧、渔产品（食用类，不包括深加工的食品）经专门机构认定，许可使用无公害农产品标识的产品。

2. 无公害农产品生产推荐农药

（1）杀虫剂、杀螨剂。苏云金杆菌、甜菜夜蛾核多角体病毒、银纹夜蛾核多角体病毒、小菜蛾颗粒体病毒、茶尺蠖核多角体病毒、棉铃虫核多角体病毒、苦参碱、印楝素、烟碱、鱼藤酮、苦皮藤素、阿维菌素、多杀毒素、浏阳霉素、白僵菌、除虫菊素、硫黄、溴氰菊酯、氟氯氰菊酯、氯氟氰菊酯、氯氰菊酯、联苯菊酯、氰戊菊酯、甲氰菊酯、氟丙菊酯、硫双威、丁硫克百威、抗蚜威、异丙威、速灭威、辛硫磷、毒死蜱、敌百虫、敌敌畏、马拉硫磷、乙酰甲胺磷、乐果、三唑磷、杀螟硫磷、倍硫磷、丙溴磷、二嗪磷、亚胺硫磷、灭幼脲、氟啶脲、氟铃脲、氟虫脲、除虫脲、噻嗪酮、抑食肼、虫酰肼、杀虫单、杀虫双、杀螟丹、甲胺基阿维菌素、啶虫脒、吡虫啉、灭蝇胺、氟虫腈、溴虫腈、丁醚脲、哒螨灵、四螨酯、三唑锡、炔螨特、噻螨酮、苯丁锡、单甲、双甲脒。

（2）杀菌剂。碱式硫酸铜、王铜、氢氧化铜、氧化亚铜、石硫合剂、代森锌、代森锰锌、福美双、三乙膦酸铝、多菌灵、甲基硫菌灵、噻菌灵、百菌清、三唑酮、三唑醇、烯唑醇、戊唑醇、己唑醇、腈菌唑、乙霉威·硫菌灵、腐霉利、异菌脲、霜霉威、烯酰吗啉·锰锌、霜脲氰·锰锌、邻烯丙基苯酚、嘧霉胺、氟吗啉、盐酸吗啉胍、噁霉灵、噻菌铜、咪鲜胺、咪鲜胺·锰锌、抑霉唑、氨基寡糖素、甲霜灵·锰锌、亚胺唑、噁唑烷酮·锰锌、松脂酸酮、腈嘧菌脂、井冈霉素、抗霉菌素 120、菇类蛋白多糖、春雷霉素、多抗霉素、宁南霉素、木霉素、农用链霉素。

3. 无公害农产品生产中禁用的化学农药　见表 7 - 2。

表 7 - 2　无公害农产品禁用化学农药

种类	农药名称	禁用作物	毒性
无机砷杀菌剂	砷酸钙、砷酸铅	所有作物	高毒
有机砷杀菌剂	甲基砷酸锌、甲基砷酸铁铵（田安）、福美甲胂、福美胂	所有作物	高残毒
有机锡杀菌剂	薯瘟锡（三苯基醋酸锡）、三苯基氯化锡和毒菌锡	所有作物	高残毒
有机汞杀菌剂	氯化乙基汞（西力生）、醋酸苯汞（赛力散）	所有作物	剧毒、高残毒
氟制剂	氯化钙、氟化钠、氟乙酸钠、氟乙酸胺、氟铝酸钠、氟硅酸纳	所有作物	剧毒、高毒、易药害
有机氟杀虫剂	滴滴涕、六六六、林丹、艾氏剂、狄氏剂	所有作物	高残毒
有机氯杀螨剂	三氯杀螨醇	所有作物	高残毒

（续）

种类	农药名称	禁用作物	毒性
卤代烷类熏蒸杀虫剂	二溴乙烷、二溴氯丙烷	所有作物	致癌、致畸
有机磷杀虫剂	甲拌磷、乙拌磷、久效磷、对硫磷、甲基对硫磷、甲胺磷、甲基异柳磷、治螟磷、氧化乐果、磷胺、马拉硫磷	所有作物	高毒、剧毒
有机磷杀菌剂	稻瘟净、易稻瘟净	所有作物	高毒
氨基甲酸酯杀虫剂	克百威、涕灭威、灭多威	所有作物	高毒
二甲基甲脒类杀虫杀螨剂	杀虫脒	所有作物	致癌、致畸
拟除虫菊酯类杀虫剂	所有拟除虫菊酯类杀虫剂	水稻、茶树	对动物毒性大
取代苯类杀虫杀菌剂	五氯硝基苯、稻瘟醇	所有作物	国外有致癌报道
植物生长调节剂	有机合成植物生长调节剂	所有作物	
二苯醚类除草剂	除草醚、草枯醚	所有作物	慢性毒性

（四）绿色食品生产对农药使用的规定

1. 绿色食品的概念　在无污染的生态环境中种植及全过程标准化生产或加工的农产品，严格控制其有毒有害物质含量，使之符合国家健康安全食品标准，并经专门机构认定，许可使用绿色食品标志的食品。

2. A 级绿色食品生产中禁止使用的农药 见表 7 - 3。

表 7 - 3 绿色食品生产禁止使用的农药

种类	农药名称	禁用作物	禁用原因
有机氯杀虫剂	滴滴涕、六六六、林丹、甲氧、高残毒 DDT、硫丹	所有作物	高残毒
有机氯杀螨剂	三氯杀螨醇	蔬菜、果树、茶叶	工业品中含有一定数量的滴滴涕
氨基甲酸酯杀虫剂	涕灭威、克百威、灭多威、丁硫克百威、丙硫克百威	所有作物	高毒、剧毒或代谢物高毒
二甲基甲脒类杀虫螨剂	杀虫脒	所有作物	慢性毒性致癌
拟除虫菊酯类杀虫剂	所有拟除虫菊酯类杀虫剂	水稻及其他水生作物	对水生生物毒性大
卤代烷类熏蒸杀虫剂	二溴乙烷、环氧乙烷、二溴氯丙烷	所有作物	致癌、致畸、高毒
	阿维菌素	蔬菜、果树	高毒
	克螨特	蔬菜、果树	慢性毒性
有机砷杀菌剂	甲基胂酸锌（稻脚青）、甲基胂酸钙胂（稻宁）、甲基胂酸铵（田安）、福美甲胂、福美胂	所有作物	高残毒
有机锡杀菌剂	三苯基醋锡（薯瘟锡）、三苯基氯化锡、三苯基羟基锡（毒菌锡）	所有作物	高残留、慢性毒性

（续）

种类	农药名称	禁用作物	禁用原因
有机汞杀菌剂	氯化乙基汞（西力生）、醋酸苯汞（赛力散）	所有作物	剧毒、高残毒
有机磷杀菌剂	稻瘟净、异稻瘟净	水稻	异臭
取代苯类杀菌剂	五氯硝基苯、稻瘟醇（五氯苯甲醇）	所有作物	致癌、高残留
2，4－D类化合物	除草剂或植物生长调节剂	所有作物	杂质致癌
二苯醚类除草剂	除草醚、草枯醚	所有作物	
植物生长调节剂	有机合成的植物生长调节剂	蔬菜生长期（可用作土壤处理与芽前处理）	
除草剂	各类除草剂	蔬菜生长期（可用作土壤处理与芽前处理）	
有机磷杀虫剂	甲拌磷、乙拌磷、久效磷、对硫磷、甲基对硫磷、甲胺磷、甲基异柳磷、治螟磷、氧化乐果、磷胺、地虫硫磷、灭克磷（益收宝）、水胺硫磷、氯唑磷、硫线磷、杀扑磷、特丁硫磷、克线丹、苯线磷、甲基硫环磷	所有作物	剧毒、高毒

3. 生产 AA 级绿色食品禁止使用的农药种类 禁止使用有机合成的化学农药，包括化学杀虫剂、杀螨剂、杀菌剂、杀

线虫、杀鼠剂、除草剂和植物生长调节剂和含有有机合成的化学农药成分的生物源、矿物源农药的复配剂。禁止使用基因工程品种（产品）及制剂。

（五）有机食品生产中对农药使用要求

1. 有机食品的概念　有机食品通常是指来自于农业生产体系，根据国际有机农药业生产要求和相应的标准生产加工的，并通过独立的有机食品认证机构认证的农副产品，包括粮食、蔬菜、水果、奶制品、禽畜产品、蜂蜜、水产品、调料等。有机食品的主要特点是来自于生态环境良好的有机农业生产体系，有机食品的生产和加工，不使用化学农药、化肥、化学防腐剂等合成物质，也不用基因工程生物及其产物。

2. 有机农业农药使用限定　根据国际有机作物改良协会（OCIA）制定的国际认证标准（2001 年 7 月 1 日开始实施），允许使用、限制使用、禁止使用的农药分别为：

（1）允许使用的农药。海藻制品、二氧化碳、明胶、蜂蜡、硅酸盐、碳酸氢钾、碳酸钠、氢氧化钙、高锰酸钾、乙醇、醋、奶制品、卵磷脂、软皂、植物油、黏土、石英砂等。

（2）限制使用的农药。限制使用的定义是指在无法获得对病虫草害防治有效的、而 OCIA 制定的国际认证标准允许使用的农药的情况下，有限制地使用农药。通常不提倡使用这类农药。

（3）禁止使用的农药。禁止使用的农药是指不可以在生产有机食品的土地或作物上使用的农药。使用过任何禁用农药的土地必须经过三年之后，才可以被确认为可以生产有机食品的土地。

禁用的农药有：化学合成的杀虫剂、杀菌剂、杀线虫剂、杀鼠剂、熏蒸剂、除草剂、植物生长调节剂等。还包括化学合成的抗生素、合成农药的有机溶剂、表面活性剂用作种子包衣的塑料聚合物等。基因工程有机体，包括基因工程微生物和其他生物及其产品。其他禁用的还有高毒的阿维菌素、烟碱、矿物源农药中的砷、冰晶石、石油（用作除草剂）等。

五、葡萄病虫害防治周年历

表 7 - 4　葡萄病虫害防治周年历

时期	防治对象	防治措施
休眠期 （11 月至翌年 2月）	黑痘病、炭疽病、霜霉病、白腐病、螨蚧类、透翅蛾、虎天牛等越冬主要病虫	清除园内的枯枝、落叶、落果，架面上的绑扎物、干枯果穗等，将其清除扫净集中烧毁，减少病源；在修剪中应剪除病虫枝、枯枝、徒长枝、过密枝等，按整形要求绑扎；在清园后对树体、葡萄枝蔓、地面喷一次 5 波美度石硫合剂，对越冬的病虫害进行铲除
伤流期至萌芽期 （3 月）	黑痘病、炭疽病、白腐病等病菌孢子及螨蚧类害虫	芽鳞片开张中见红露绿时，喷第二次 5 波美度石硫合剂，铲除多种病菌孢子和螨蚧类
新梢生长期 （4 月）	黑痘病、霜霉病、灰霉病和椿象等	喷 78%科博 500～600 倍液＋10%高效氯氰菊酯 4 000 倍液；喷 80%喷克 500 倍液
花穗分离期至开花期至坐果期 （5 月）	黑痘病、灰霉病、霜霉病、炭疽病、透翅蛾等	开花前喷 80%喷克 600 倍＋50%速克灵＋10%高效氯氰菊酯 4 000 倍；地面喷 50%福美双 600～800 倍；加喷 50%灭菌灵 600 倍液
幼果膨大期 （6 月）	白腐病、霜霉病、黑痘病、褐斑病、透翅蛾等	喷 1∶（0.5～0.7）∶240 波尔多液或 25%甲霜灵 500～600 倍液等

（续）

时 期	防治对象	防治措施
硬核期至果实转色期 （7月）	炭疽病、白腐病、霜霉病、褐斑病、枝天牛、叶蝉等	喷78％科博500～600倍液或80％喷克600倍液；发现霜霉时喷25％甲霜灵600倍液或64％杀毒矾500倍液；喷杀菌剂＋10％高效氯氰菌酯4 000～5 000倍液
果实着色期至成熟期 （8月）	炭疽病、白腐病、霜霉病、枝天牛等	喷78％科博500～600倍液＋喷克500倍液＋10％高效氯氰菊酯4 000倍液；发现霜霉时，喷25％甲霜灵500～600倍液或40％疫霜灵300倍液（三乙膦酸铝）
新梢老化期 （9月）	霜霉病、褐斑病、炭疽病、锈病等	采果后喷1∶1∶240波尔多液；或喷78％科博500～600倍液＋80％喷克600倍液
枝条成熟期至落叶期 （10～11月）	霜霉病、褐斑病	喷1∶1∶240波尔多液或80％必备400倍液等

第八章
葡萄园经营管理与市场营销

近年来，国家高度重视我国"三农"问题的解决，提出了创新、协调、绿色、开放、共享五大发展理念。现阶段，城乡区域间协调发展成为当前国家经济发展的重要任务。葡萄产业的发展，不仅能够推动农村经济发展，增加农民收入，改善农民生活水平，还能改善城镇居民饮食结构，提高生活质量。而实现葡萄产业在城乡区域间有机结合的主要途径是建立完善的葡萄市场营销机制。

一、葡萄园经营类型

葡萄园从建园初期投资开始，对葡萄园的经营管理必须有准确定位。目前，葡萄园经营类型主要有生产型、生态型及综合型3种。生产型葡萄园主要通过葡萄果实的销售来完成经济效益的实现；生态型葡萄园主要是通过结合旅游娱乐等精神追求来实现其经济效益；而综合型葡萄园则依靠多种经营，其实现经济效益的途径更加多样化，管理模式也更加灵活。

（一）生产型

生产型葡萄园经营管理主要以葡萄果实的销售为主，因此保持葡萄具有高质量的商品性就成为果园经营管理的重中之重。葡萄果实成熟采收后最终都要进入市场销售后葡萄生产的效益才能得到体现。葡萄产地与市场一般都相距较远，而葡萄成熟后具有水分含量高、果皮薄、质地软、容易损伤等特点，需要特别注意葡萄的采收及运输、贮藏管理。

1. 葡萄果实采收期判断　决定葡萄品质的主要因素有外观品质、风味口感及贮藏和运输性能。要想达到最佳商品品质，需要精确判定葡萄的采收期。一般要求葡萄达到生理成熟期进行采收，采收过早会影响葡萄糖度积累，品质风味达不到消费者的需求；过晚采收容易造成一些品种果粒脱落、容易受病原菌侵染、降低储运性能等。因此，采收过早过晚都会影响葡萄的最终销售，进而降低葡萄种植的经济效益。

（1）果实颜色变化。葡萄浆果达到生理成熟期后，会具有该品种固有的色泽。有色品种充分、均匀着色；无色品种表现出以黄白、金黄、绿黄或黄绿等以黄色加强、绿色消褪的底色。从葡萄开始转色到完全成熟，品种不同所持续的时间也有很大差异，一般早熟品种 5 天左右，中晚熟可以达到 10 天至 1 个月以上。

需要指出的是葡萄果实颜色变化虽然是葡萄成熟的重要特征，但生产上浆果颜色却不能独立作为判断采收期的依据，需要结合其他指标来共同完成。

（2）果实大小及硬度变化。葡萄成熟后，果粒达到最大，而果肉开始变软，富有弹性。同样，这些特征都是葡萄成熟后的表现，但生产上也不能作为独立的果实成熟判断依据。

（3）果实含糖量变化。葡萄果实成熟的一个重要标志是达到了该品种在本地区应该有的含糖量及含酸量。含糖量变化也是生产上能够独立作为判断葡萄浆果成熟的依据。不同品种在不同地区可溶性固形物含量相差很大，而同一地区也因气候条件，环境变化有所差异，生产上一般在果实进入转色期后，每隔 2 天测 1 次可溶性固形物，当其不再增加时即为成熟采收最佳时期。

2. 采收要求　葡萄采收操作对葡萄贮藏销售影响很大。因此，在采收时必须严格把关，采收时需要注意以下几个方面。

（1）采收前 5～7 天喷洒一次杀菌剂，降低果实贮藏中的腐烂。

（2）采收应选择在晴朗天气，上午 10 时以前或者下午 3 时以后为宜，容易保持原有的果实品质。切忌阴雨、大雾及露水未干采收，避免果实腐烂和降低果品质量。

（3）采摘时，一手握剪刀，一手抓住葡萄穗梗，在贴近母枝处剪下，保留一段穗梗。

（4）采后用疏果剪剔除裂果、病果、青果及畸形果等有缺陷果实。

（5）葡萄采收后应按照不同品质、大小进行分级（表 8-1）、装箱后运往冷库，尽量做到不再倒箱，将葡萄因采收运输而造成的损失降到最低。

表 8-1　鲜食葡萄等级标准（NY/T 470—2001）

项目名称		等级		
		一等果	二等果	三等果
果穗要求	果穗基本要求	完整、洁净、无异味，不落粒、无水罐、无干缩果、无腐烂、无小青粒、无非正常的外来水分，果梗、果蒂发育良好健壮，新鲜无伤害		
	果穗大小（千克）	0.4～0.8	0.3～0.4	<0.3 或>0.8
	果粒着生紧密度	中等紧密	中等紧密	极紧密或稀疏
果粒要求	果粒基本要求	充分发育、充分成熟、果形端正，具有本品种固有特征		
	果粒大小（克）	≥平均值的 15%	≥平均值	<平均值
	着色	好	良好	较好
	果粉	完整	完整	基本完整
	果面缺陷率（%）	无	缺陷果粒<2	缺陷果粒≤5
	二氧化硫伤害率（%）	无	受伤果粒≤2	受伤果粒≤5
	可溶性固形物含量（%）	≥平均值 15%	≥平均值	<平均值
	风味	好	良好	较好

3. 葡萄果实包装运输　用于葡萄的包装容器应该选用无毒、无杂味的原料制作的板条箱、纸箱、钙塑瓦楞箱和硬质塑料泡沫箱等。用于贮藏的容器多为板条箱、塑料箱。塑料泡沫箱保温、减震性能好，可用于运输或贮藏。装箱后板条箱、硬质塑料箱规格为 5～10 千克，纸箱规格为 1～5 千克。目前，我国用于冷藏的葡萄通常采用无毒的塑料袋（保鲜袋）与防腐剂结合的贮藏形式，塑料薄膜主要有聚乙烯和无毒聚氯乙烯两种，厚度一般 0.3～0.5 毫米较为经济实用。装箱时，要求箱内摆平码整，松紧合适，一般 1～2 层为宜，箱内上下各铺一层包装纸以便吸潮。销售包装上应注明名称、产地、数量、生产单位等内容。

葡萄果实的运输工具应清洁，不得与有毒、有害物品混运。有条件的应预冷后恒温运输。葡萄果实在装卸过程中应轻拿轻放，不得摔、压、碰、挤，以保持果穗和果粒的完好性。

4. 葡萄果实贮藏　葡萄贮藏期间的主要问题是容易发生腐烂和落粒、皱皮、果梗干枯等。葡萄灰霉病的病原菌耐低温，具有在 −5 ℃下生长的能力，加之葡萄对灰霉病的抵抗力较弱，所以，灰霉病是葡萄贮藏过程中威胁最大的病害。温度、湿度和气体的调节以及防腐剂的应用是葡萄贮藏保鲜中的关键环节，减少水分的挥发和葡萄灰霉病的发生是葡萄贮藏期间的主要技术目标。

（1）温度。贮藏期间温度过高，易引起葡萄果实的代谢活动加强，果实衰老加快。温度过低，低于浆果的冰点又容易使葡萄发生冻害，贮藏期缩短；一般商业贮藏葡萄的温度是 −1～2 ℃。葡萄贮藏期间如果温度忽高忽低地变化也会影响葡萄的贮藏时间，为了减少温度波动，可加简单的蓄冷设施。葡萄采摘时会有一定的田间热，在冷藏前需要对果实进行迅速预冷，在尽可能短的时间内把葡萄温度降到 −1～0 ℃，能够抑制病原菌生长和降低葡萄的生理活性。

（2）湿度。葡萄贮运环境的相对湿度是保持果皮和果梗新鲜饱满的关键因素。相对湿度越大，果梗越新鲜，但容易导致腐烂。为了最佳的贮运效果，目前普遍在 90％ 以上的高湿环境中用防腐剂和保鲜剂处理。葡萄的耐贮藏性由其生物特性所决定。果实的穗轴占葡萄总重量的 2％～6％，经由穗轴损失的水占整穗葡萄失水的 49％～66.5％，为了减少这部分的水分挥发，可用蜂蜡对葡萄果穗梗的剪口部进行覆盖。

（3）气体。因葡萄没有明显的呼吸高峰，气调贮藏法并不适合用于鲜食葡萄的商业贮藏。一般都使用二氧化硫熏蒸控制腐烂病的发生。二氧化硫是一种无色、有刺激性的有毒气体，不仅是防腐剂，同时具有很强的还原性，可以减少植物组织氧的含量，可以降低果实的呼吸强度，减少呼吸基质的消耗，延缓果实的衰老。

（4）保鲜剂。在 $-0.6～0$ ℃ 的温度下贮藏葡萄，会产生灰霉病，引起葡萄腐烂。二氧化硫遇水后，对灰霉病的病原菌具有很强的杀菌力。二氧化硫熏蒸在鲜食葡萄贮藏中起至关重要的作用，是世界通用的葡萄保鲜措施，有近百年的应用历史。二氧化硫的使用一般先用 1％ 的二氧化硫气体熏蒸鲜食葡萄 20 分钟，然后每隔 7～10 天用 0.2％ 或 0.5％ 的二氧化硫熏蒸 20～30 分钟。熏蒸处理结束后，用排气扇或用水溶解法将二氧化硫清除。虽然二氧化硫熏蒸法延长了鲜食葡萄的贮藏时间，但对葡萄也带来了不同程度的伤害。其症状是：脱色、果肉下陷、果实表面潮湿、变味等。为了减少这种伤害，处理时以所需二氧化硫的最低量进行。二氧化硫容易引起呼吸痉挛，操作时要戴防目镜，以免伤害眼睛。

葡萄的贮藏场所应清洁、通风，产品应分级堆放，不得与有毒、有异味的物品一起贮存。

（5）葡萄贮藏过程中的简易措施。我国北方葡萄产区有葡萄简易贮藏的悠久历史，用沟、窖、普通房间等贮藏葡萄。贮藏前的设施应用 1% 硫酸铜溶液或按每立方米空间用 15～20 克硫黄燃烧的办法进行消毒。贮藏时控制好温度，白天密封设施的通风口，夜间开放，对设施进行自然降温；对要贮藏的葡萄尽可能推迟采收，使贮藏设施内的温度降到最低。贮藏期间的温度保持 0～4 ℃为宜。设施内空气干燥时应洒水增湿，相对湿度保持 80%～90%。为了保持空气湿度，应密封设施的门窗或通气孔。有条件的可以使用保鲜剂加聚乙烯膜包装。

（二）生态型

生态园是建立在优美的旅游文化环境基础上的农业生产园。生态型葡萄园多建立在具有良好的旅游资源、文化底蕴、名胜古迹等环境基础的地区，将葡萄生产、自然风光、科技示范、休闲娱乐及环境保护融为一体，实现经济效益、生态效益及社会效益的统一，具有良好的发展前景，是葡萄产业化健康发展的优先选择方向。随着生态农业的发展，各地都加大了生态园建设的投入，也涌现出了一些成功的典型，如上海马陆镇葡萄生态园。然而，由于生态园建设不仅需要良好的旅游环境和文化基础，更需要很强的管理技术和生产技术做支撑，因此，建设葡萄生态园，需要遵循科学合理的原则。

1. 葡萄生态园规划原则

（1）因地制宜，做好设计。葡萄生态园建设应该充分考虑所在地区葡萄生产的基础环境资源，综合考虑其旅游资源、文化资源、交通保障、基础生活保障等条件，开发出具有当地特色的葡萄生态型果园，服务社会，实现经济效益的提升。

（2）突出主题，打造精品。葡萄生态园建设需要明确其服务对象及目标，建立起精细化、高品质、有特色的服务理念及相关产品。不仅要生产出品质上乘的葡萄产品，更要营造出浓厚的葡萄文化，让消费者既满足了物质需求，更加实现了精神享受，放松了心情，恢复了精力。

（3）科学指导，持续发展。葡萄生态园建设需要以葡萄学、生态学、管理学及经济学等相关理论为指导思想，形成良性循环的农业生态系统，实现经济效益、生态效益、社会效益三者统一的可持续发展的新型农业生态园。

2. 生态葡萄园技术途径

（1）提高生态丰富度。传统葡萄园一般实行土壤清耕制，果园生产单一化，园内会有很多空白生态位，不仅浪费土地资源，还会造成水土流失、飞尘增加、蒸腾增大、天敌锐减、环境恶化等一系列生态问题。建设生态葡萄园需要充分利用时间变化和垂直空间变化的生态位，提高果园物种及品种的丰富度。尽量选留生态位有差异的物种和品种补充相应生态位，这样既能提高覆盖率，减少漏光率，最大限度利用太阳光，又在生理、营养、株龄、株型、时间上有一定差异，形成多物种、多品种的高效、有序、稳定、持续的复层立体生物群落。

（2）合理布局，优化品种。葡萄种类丰富，就其果实而言，不同成熟度有早、中、晚熟品种，时间跨度从夏天到深秋；果实颜色有黄绿—绿黄、粉红、红、紫红—红紫、蓝黑（详见第六章）；果实形状有大有小，有长有圆，有规则有不规则；果实肉质有软质多汁的有硬质脆肉的；有核的无核的等不同特征，在葡萄品种配置时需要充分考虑生态园环境进行优化，达到效益最佳。

（3）多种农业技术综合应用。建设生态园需要农、林、牧、副、渔等各行业兼顾，抓住各行业之间内在联系，综合应用各类技术，促使生物学、农学、经济学与加工之间的相互渗透，保证生态园经济系统稳定、有序、高效、持续的运行。

3. 生态葡萄园的模式

（1）以地形环境划分类型。我国地域辽阔，地形复杂，有平原地区生态葡萄园、丘陵沟壑地区生态葡萄园、山地生态葡萄园及城市郊区生态葡萄园等，各地区生态环境多样，不同地域之间气候条件差别较大，各地区经济发展水平层次各异，建设生态园时要根据各自特点，因地制宜进行。

（2）以技术组合划分类型。生态果园是各种生产要素通过组合，实现一定结构、功能和效益的经济实体，从生产技术角度可分为立体种植模式、种养复合模式、观光模式等。

①立体种植型葡萄园。此类生态园主要是以种植多种果树、蔬菜、花卉等经济作物，再辅以一些操作简单、富有生活趣味的劳动模式，如葡萄酒酿造、蔬菜腌制、果脯加工等食品加工方式，满足人们物质及精神需求的农业生产模式。

②种养复合型葡萄园。该模式是在果园内养殖各种经济动物，以野生取食为主，辅以必要的人工饲养，从而生产更为优质、安全的畜、禽、渔产品及葡萄产品的一种生产形式。一般有葡萄园鱼塘、葡萄园养禽、葡萄园养畜等主要方式。

③观光型葡萄园。观光型葡萄园是集葡萄生产、休闲旅游、科普示范、娱乐健身于一体的新型葡萄园。主要以葡萄园景观、园区周围的自然生态及环境资源为基础，通过葡萄生产、产品经营、农村文化及果农生活的融合，为人们提供游览、参观、品赏、购买、参与等服务；同时结合葡萄生产，通过对园区规划和景点布局，突出葡萄品种的新、奇、特，展示葡萄园的韵律美和自然美，促进葡萄生产与旅游业共同发展，将生产、生活、生态与科普教育融为一体，用知识性、趣味性和参与性去实现葡萄生产的商业效益。

（三）综合型

综合型生态园一般规模较大，涵盖了多种生产模式及管理模式，是现代农业生产、环境保护、休闲娱乐、文化教育、科技示范等多产业、多领域相互结合的大型经济复合体，是现代农业发展的主要方向。

二、葡萄市场营销策略

目前，我国葡萄生产正由产量效益型向质量效益型、品牌效益型过渡，以提高葡萄品质为基础、以满足顾客需求为目标、让顾客满意，是现代果品营销所追求的目标。为实现葡萄销售目标，达到销售所带来的经济效益，在市场化、网络化及信息化高度发达的市场经济中，葡萄销售必须有科学合理的营销策略和可靠易行的销售技巧作为支撑。

（一）基本原则

1. 树立品牌意识 葡萄生产经营必须着眼于以产地为主的品牌意识。以产地为品牌，不仅能使葡萄的食品安全性得到消费者的认可，而且对产地的生态环境起到良好的宣传效果。葡萄与其他果品生产一样，当达到一定规模后其经济效益才具有稳定性、高效性和持续性。注重产地保护，生产出优质葡萄，将会和当地的文化产业、旅游产业及其他产业共同创造以产地为主导的品牌，最终形成地方名牌，带动地方经济的发展，进而促进包括葡萄产业在内的地方产业发展。像国际著名的葡萄产区法国波尔多，国内著名的新疆吐鲁番、河北昌黎等地，都是注重产地品牌的典范。

2. 加强广告宣传 随着现代网络信息科技的不断发展，手机客户端具有精准性、及时性、扩散性、互动性及整合性等特点，在广告宣传中越来越占据主导地位。不论采取哪种方式都要考虑这种方式所能够传播的人群数量、效果和费用。目前手机客户端应该是宣传效果最好、费用最低的一种广告宣传途径。另外，传统的广告宣传方式如电视、广播、杂志、路边广告、农村墙体等在农村地区仍然具有良好的广告宣传效果。

3. 突出包装特点 产品包装在现代葡萄销售中具有重要

意义。优美的产品包装让人有赏心悦目的感觉，对作为礼品而购买的那一部分消费者来说，优美而有档次的包装对他们更为重要。包装要能体现出企业、果园的良好形象；包装要能吸引顾客的注意力，要从外观、色彩、图案上多下工夫。好的包装设计应该是简单易识别的，其上文字内容不可过多，版面要简单明了，不可过于繁杂，让人容易记住；包装要能激发消费者的购买欲望。

包装应该注意突出地方品牌，与经营思路要吻合。因考虑到葡萄的储运性能，目前较多采用单层果穗包装，为提高档次，在大包装内以穗为单位，对单个果穗进行小包装。产品包装的规格根据品种果穗大小和数量而定，优质果的包装不宜过大，一般应在 4 千克以下。而高档次精品产品的包装有时会更小，甚至小到双穗或单穗。

包装是品牌的体现，一旦投入市场应长期坚持不变。

4. 深入市场调查　不同消费群体对葡萄的需求不同，葡萄生产应该以市场调查为基础，符合不同消费者的消费需求。我国人口众多，南北差异明显，如南方人普遍喜欢酸味清淡的葡萄，而北方消费者更钟情于酸甜且具有浓郁香气的葡萄。因此，葡萄生产应以满足市场为主体，切忌追求眼前利益，盲目跟风。

5. 体现文化底蕴　纵观国内外，凡是名优葡萄及葡萄酒产品不仅具有很好的质量，而且都体现了浓郁的地方特色、文化品位。不少葡萄产区通过举办葡萄采摘节的办法，集旅游、文化、饮食于一体，弘扬了葡萄与葡萄酒的文化，营造了高雅独特的消费气氛。对当地葡萄产业发展起到了很好的促进作用。

（二）分析方法

1. SWOT 分析　SWOT 分析法又称为态势分析法，是由美国旧金山大学管理学院于 20 世纪 80 年代提出的，是一种能够客观准确分析和研究现实情况的方法。SWOT 分析是通过对企业的 Strengths（优势）、Weaknesses（劣势）、Opportunities（机会）和 Threats（威胁）加以综合评估分析得出结论，然后调整资源及策略，达成目标的一种管理学手段，已经被广泛应用于各个领域。是一种简单、直观的分析方法。然而，由于该方法采取定性判断，容易对要素进行主观臆断，往往不能精确分析葡萄市场营销中出现的各种问题。

2. PEST 分析　PEST 分析法即宏观环境分析法，是通过企业所处的 Political（政治）、Economic（经济）、Social（社会）和 Technological（科技）等宏观环境分析建立的模型。在葡萄市场营销时，企业必须全方位考虑政府政策导向、消费者收入水平、生活结构、口味偏好、文化层次及葡萄生产技术等方面因素，确定葡萄营销的策略。

3. 4P 营销组合理论　4P 营销组合理论是美国营销学教授麦卡锡提出的，其基本理论就是将合适的产品以适当的价格通过适当的渠道和销售手段投放到特定的营销市场的行为。所谓的 4P 是指 Product（产品）、Price（价格）、Place（渠道）及 Promotion（销售）。在葡萄销售时，就是要考虑到葡萄产品的外观、风味等产品品质，合理的市场价格，良好的销售渠道和有效的营销手段等因素，做好葡萄市场营销，实现其经济效益。

（三）营销途径

1. 营销渠道类型　现代果园的销售渠道一般有 3 种形式，即生产者→消费者、生产者→零售商→消费者、生产者→代理商→零售商→消费者。第一种形式是直接销售，即顾客直接到果园购买，顾客到生产商的销售点购买，顾客或通过网络销售直接得到产品，这种销售类型最普遍，几乎存在于每个果园，其优点是生产者与消费者面对面接触，销售形式简单，顾客可以得到较低的价格。第二种形式是生产者通过零售商完成销售，零售商从生产商手中获得较低的价格及其他销售服务，然后转卖给消费者，从中间赚取差价。第三种形式是生产者通过代理商将产品销售给零售商，再由零售商销售给终端客户即消费者，生产者在销售中经历了两个或多个中间环节，如各种类型水果超市。

间接销售渠道的优点在于生产商利用了零售商和代理商这些中间商的渠道，使产品尽快地覆盖到市场。但由于多了中间环节，顾客购买的价格比较直接销售可能要高，而生产商单位重量的利润偏低，且容易造成市场价格混乱而出现多种价格销售而影响公司荣誉的现象。所以，对间接销售渠道必须加强有效的管理。

2. 营销渠道的建立　生产商选择中间商的目的是想让产品迅速推向市场。中间商的选择有几种类型：一是生产商的代理商，在不同区域采取代理商销售产品，使产品直接地、快速地进入市场；二是公司的销售人员，公司安排销售人员到指定区域设立分销点，以较快速地进入目标市场。

3. 营销渠道的管理　为保持渠道的高效畅通，要对渠道加强管理。管理的目的是维护好中间商及销售人员的利益，并对他们开展服务。在渠道管理上生产商应重点治理渠道的低价销售，因为低价销售对整个销售网络带来影响。要求各销售商按照公司确定的价格体系进行销售，努力维护生产商的利益。

（四）主要问题

葡萄适合大面积种植，具有很高的经济效益，葡萄产业已经成为许多地区促进农村经济发展，提高农民收入的重要途径。然而，在葡萄产业发展的同时，仍然存在许多问题与不足。

1. 生产理念落后　目前，我国葡萄产业无论种植面积还是产量均居世界首位，已成为世界第一葡萄生产国。然而，我国葡萄生产75％以上是鲜食葡萄，这也是国内居民的主要消费形式。这就决定了我国葡萄产业仍然属于劳动密集型产业，在整个葡萄产业从生产资料采购到种植采收，再到贮藏运输及加工销售，每一个环节都需要大量劳动力，这就造成了生产成本偏高，效率低下。在这种情况下，种植者往往会追求高产量，耐储运的生产方式，从而采用各种简单、粗暴的极端作业来完成这一目标，不愿意接受那些优质、高效、科技含量高的生产方式，这就使得我国葡萄生产不论是国际还是国内，都缺乏高端产品竞争力，只能以低端产品出现，这也是我国葡萄销售困难的主要原因之一。

2. 产品质量低下　我国葡萄产品质量问题主要表现在以下3个方面。

（1）品种单一。同一品种栽培面积过于宽泛，造成品质差异巨大，扰乱了消费市场对品种的认可度。由于缺乏有效市场调查，种植者为追求产量及价格，往往不考虑品种特性，忽视了某种葡萄品种的最适栽培条件，在不适宜栽培的地区强加种植，导致品种特性不明显，市场表现不佳，造成消费者对该品种的误解，最终使一些优良的葡萄品种因为栽植问题而沦为劣质品种，而所追求的优质品种由于数量稀少不能满足市场需求，使得品种更加单一。这不仅浪费了葡萄资源，更加使育种工作者蒙受了巨大损失，严重打击了葡萄育种的健康发展。

（2）过分追求价格。采取各种手段抢占市场空间，忽略了葡萄品种原有品质的优良表现。生产者为了追求能够利用市场空间的果粒大小、颜色深浅、果粒形状、采摘时期等特征，往往采用各种生长调节剂，使得葡萄正常生长被打乱，原有的风味品质、外观表现被改变，忽视了消费者对葡萄消费最基本的品质需求，使得葡萄消费从长期稳定的日常行为变成了追求时尚的流行性、一阵风式的偶然性消费，严重影响了葡萄产业发展的稳定性。

（3）过度使用各种化学试剂，对葡萄本身及环境造成了污染，增加了葡萄的食品安全隐患。在葡萄生产过程中，在施肥、病虫害防治、生长调节等环节都会使用到大量的化肥、农药及各种化学调节剂，不可避免会增加葡萄果实中的有毒有害物质的含量，造成食品安全问题。

3. 供销组织松散　目前，葡萄生产普遍存在重视生产而轻视流通现象，销售过程缺乏有效的供应管理组织体系，产销分离现象明显，不能科学把握市场信息，及时进行市场规划，市场供应与需求双方信息不同步，导致葡萄销售买卖双方都出现困难。这种现象的背后反映出的问题就是葡萄供应链中各参与主体供销组织的利益联盟结构松散，尚未形成稳定的合作关系和利益共同体。当前种植葡萄的参与者数量众多，然而专业从事葡萄销售的经销商和市场从业人员数量严重不足，使得葡萄产业供应链管理效率低下。由于种植户与中间代理商及批发零售商之间的信息不对称，缺少有效的沟通渠道，造成了葡萄种植与销售环节的利益分配严重失衡。由于种植户人数众多，竞争激烈，在供应链中处于弱势地位，属于利益失衡最大受害者，必然影响其生产积极性，供应链源头出现问题，将严重影响葡萄的流通及整个葡萄产业的发展。

（五）发展方向

1. 保证信息畅通　随着国家对"三农"问题的高度重视，从中央到地方都出台了相关政策，这些政策对推进葡萄产业健康、持续、高速发展起到了至关重要的作用。然而，在对政策精神与市场信息的反应上，经常出现脱节与滞后现象。往往是市场已经做出了反应，而生产领域却不能及时调整，导致了产品价格下降，滞销，最终影响种植者利益，进而出现挖树，毁园，产能萎缩，再到产品供不应求，然后再一次盲目发展。造成这种周而复始恶性循环的主要原因就是生产与市场信息不畅通，未能按照市场需求进行针对性配置资源所致。因此，要做到葡萄产业从生产到销售的可持续发展，必须建立在供求信息对称的基础之上。

2. 重视产品质量 葡萄产品的质量是在生产管理中确定的。由于葡萄受自然因素的影响较大，其产品质量一般与初步设想的有一定距离，无论是外观质量、内在质量，还是果实的一致性方面均会出现一些偏差。所以，在葡萄成熟销售时，做好对产品的质量控制很有必要。具体而言，在销售时要去除病害及不良果实，保持产品的优良特性。要分级包装，将颜色、大小、性状一致的果穗包装在一起，提高顾客对产品的认知。为配合产品质量管理，在果品装入包装箱时，对果穗要进行统一修整。修整下来的果粒可以进行果实品尝、果酒酿造等。

以休闲观光为主的果园，在销售到来时，应及时去除病果、烂果，维护园区良好的形象，主动引导顾客根据自己不同需求采摘产品，以提高顾客对园区的认知。

3. 科学合理定价 产品的价格是一个较为敏感的问题，定价不仅直接影响到葡萄的销售，而且也关系到葡萄产业的经济效益。定价一般有两个主要目标，一方面是追求长远发展，另一方面是追求短期利润。因此，定价应根据具体企业发展目标确定。以追求长远发展时，应以快速进入市场为主要追求目标，定价不宜过高，并加大促销力度，争取在短期内占领市场。当产品投放到市场进行销售时，一定要参考市场同类产品的价格和生产的具体情况进行价格确定。

定价应结合葡萄的产量及品种特性进行。当栽培面积较大且销售压力较大时，定价不应太高，以避免产品积压。产品的具体特性也对定价产生影响，如巨玫瑰这类品种，在树上挂果期较短，短时间内如果不能销售完毕，将会出现质量严重下降甚至掉粒的现象，所以价格的制定应充分考虑这一因素。

4. 扩大销售渠道　传统的果品销售途径一般为直接销售，即顾客或直接到果园购买，或到生产商的销售点购买，这种销售方式是以葡萄产品为主体，其销售质量取决于葡萄产品质量，销售行为具有短期性和不确定性。

随着互联网的发展，新型的销售方式不断出现，葡萄销售也可以借鉴其他商品的销售，采用各种灵活多变的销售形式进行，增加葡萄销售的长期性和稳定性，在销售过程中不仅出售优质葡萄产品，而且销售优质服务，普及相关知识。

5. 做好售后服务　葡萄生产并非一次性消费产品，消费群体也具有固定性。葡萄生产更要重视合同，讲究信誉。不论是市场疲软、竞争激烈、销路不畅、价格下跌的严峻形势下，还是市场紧俏、供不应求的良好条件下，都应始终坚持诚信为本的销售策略，与客商签订购销合同，明确双方的权利和义务，使双方都有安全感和责任感。

同时，要主动做好销售商及消费者关于葡萄品种特性、营养特性及贮藏特性等的知情与了解，做到不欺骗，不隐瞒，不遮掩，让消费者购买时能够安全、放心。

附录 葡萄园周年管理工作历

物候期	土肥管理	树体管理	病虫害防治
休眠期	1. 寒潮来临前冬灌 2. 新建园及苗圃地准备 3. 制定全年管理计划、准备生产资料	1. 冬剪，采种条 2. 刮老树皮，彻底清园 3. 修整架材、道路及水渠 4. 苗木出圃、分级及销售 5. 北方地区埋土防寒 6. 南方地区新建园秋栽或秋插	熬制石硫合剂，萌芽前喷施3~5波美度石硫合剂和五氯酚钠500倍液对越冬病源和害虫进行铲除
萌芽期	灌水、施肥催芽	1. 硬枝嫁接，改换品种 2. 绑蔓上架 3. 露地扦插育苗 4. 新建园架材设置 5. 第一次抹芽	萌芽期及时、仔细喷布低浓度的铲除剂
新梢生长期	追肥催条	1. 抹芽、定梢、引绑、除卷须、去副梢 2. 开始绿枝嫁接	重点防治黑痘病，常用多菌灵、霉能灵和科博等
开花期	中耕锄草，停止灌水	1. 花期新梢摘心、去卷须、去副梢、绑蔓 2. 喷施硼砂溶液或植物生长调节剂等提高葡萄坐果率 3. 花序修整 4. 无核化果实处理 5. 绿枝嫁接	防治葡萄黑痘病、灰霉病和葡萄透翅蛾，常用药剂有霉能灵、福星、速克灵等，一般要避开盛花期喷药

（续）

物候期	土肥管理	树体管理	病虫害防治
果实生长期	1. 施催果肥，灌催果水 2. 锄草	1. 果穗修整、疏粒、顺穗 2. 果实套袋 3. 绿枝嫁接法繁殖苗木或更新品种 4. 绑蔓、处理副梢	雨后及时喷药，防治葡萄黑痘病、炭疽病、白腐病、浮尘子等，常用的药剂有炭疽福美、福美双、福星、退菌特、大生、科博等
果实转色期	1. 增施磷钾肥 2. 锄草	1. 摘除果实周围老叶片 2. 发育枝和延长枝摘心 3. 着色较难的品种提前10天左右摘袋	防治炭疽病、白腐病、霜霉病、金龟子等，常用的药剂增加瑞毒霉、乙霜灵等
采收期	1. 锄草 2. 准备基肥	1. 果实采收与销售 2. 苗木管理	防治炭疽病、白腐病、霜霉病、金龟子等
采收后	1. 采收后追肥与灌水 2. 施基肥灌水	晚熟果实的贮藏	1. 清除病果，彻底清园 2. 重点防治霜霉病，处理好叶片 3. 预防早霜降温冻害

主要参考文献

昌云军，2016. 葡萄现代栽培关键技术 ［M］. 北京：化学工业出版社．

晁无疾，单涛，张燕娟，2017. 实用葡萄设施栽培 ［M］. 北京：中国农业出版社．

陈海江，2010. 果树苗木繁育 ［M］. 北京：金盾出版社．

陈敬谊，2016. 葡萄优质丰产栽培实用技术 ［M］. 北京：化学工业出版社．

董伟，郭书普，2014. 葡萄病虫害防治图解 ［M］. 北京：化学工业出版社．

杜国强，师校欣，2014. 葡萄园营养与肥水科学管理 ［M］. 北京：中国农业出版社．

高登涛，2012. 葡萄专业户实用手册 ［M］. 北京：中国农业出版社．

国家葡萄产业技术体系，2017. 中国现代农业产业可持续发展战略研究（葡萄分册）［M］. 北京：中国农业出版社．

胡克纬，张承林，2015. 葡萄水肥一体化技术图解 ［M］. 北京：中国农业出版社．

孔庆山，2004. 中国葡萄志 ［M］. 北京：中国农业科学技术出版社．

蒯传化，刘崇怀，2016. 当代葡萄 ［M］. 郑州：中原农民出版社．

蒯传化，2012. 葡萄周年管理关键技术 ［M］. 北京：金盾出版社．

刘淑芳，贺永明，2016. 葡萄科学施肥与病虫害防治 ［M］. 北京：化学工业出版社．

刘淑芳，2017. 葡萄病虫害诊治图册 ［M］. 北京：机械工业出版社．

吕佩珂，苏慧兰，高振江，2014. 葡萄病虫害防治原色图鉴 ［M］. 北京：化学工业出版社．

吕中伟，罗文忠，2015. 葡萄高产栽培与果园管理 ［M］. 北京：中国农业科学技术出版社.

孟凡丽, 2017. 设施葡萄优质高效栽培技术 [M]. 北京：中国农业出版社.

聂继云, 2017. 葡萄实用栽培技术 [M]. 北京：中国农业科学技术出版社.

农业部农药检定所, 1998. 新编农药手册 [M]. 北京：中国农业出版社.

孙海生, 2010. 图说葡萄高效栽培关键技术 [M]. 北京：金盾出版社.

王连起, 王永立, 张素芹, 2015. 葡萄栽培实用技术 [M]. 北京：中国
农业科学技术出版社.

王田利, 王军利, 薛乎然, 2016. 现代葡萄生产实用技术 [M]. 北京：
化学工业出版社.

王忠跃, 2009. 中国葡萄病虫害与综合防控技术 [M]. 北京：中国农业
出版社.

夏德森, 2016. 市场营销学 [M]. 北京：北京理工大学出版社.

徐海英, 2015. 葡萄标准化栽培. 北京：中国农业出版社.

杨洪强, 2010. 生态果园必读 [M]. 北京：中国农业出版社.

杨庆山, 2000. 葡萄生产技术图说 [M]. 郑州：河南科学技术出版社.

杨治元, 2012. 葡萄蔓叶果数字化生产技术 [M]. 北京：中国农业科学
技术出版社.

翟衡, 修德仁, 温秀云, 1998. 良种良法葡萄栽培 [M]. 北京：中国农
业出版社.

张开春, 2004. 果树育苗手册 [M]. 北京：中国农业出版社.

张一萍, 张未仲, 2014. 葡萄整形修剪图解 [M]. 北京：金盾出版社.

张宗勤, 2015. 葡萄栽培技术教程 [M]. 杨凌：西北农林科技大学出版社.

赵进春, 2012. 北方果树苗木繁育技术 [M]. 北京：化学工业出版社.

图书在版编目（CIP）数据

葡萄园生产与经营致富一本通／牛生洋，刘崇怀主编．—北京：中国农业出版社，2018.9
（现代果园生产与经营丛书）
ISBN 978 - 7 - 109 - 24433 - 7

Ⅰ.①葡…　Ⅱ.①牛…②刘…　Ⅲ.①葡萄栽培②葡萄-果园管理　Ⅳ.①S663.1

中国版本图书馆 CIP 数据核字（2018）第 174653 号

中国农业出版社出版
（北京市朝阳区麦子店街 18 号楼）
（邮政编码 100125）
责任编辑　张　利　黄　宇　李　蕊

北京万友印刷有限公司印刷　新华书店北京发行所发行
2018 年 9 月第 1 版　　2018 年 9 月北京第 1 次印刷

开本：850mm×1168mm　1/32　印张：7.5　插页：4
字数：187 千字
定价：28.00 元
（凡本版图书出现印刷、装订错误，请向出版社发行部调换）